学科解码 大学专业选择指南

总 主 编　丁奎岭
执行总主编　张兆国 吴静怡

材料类专业
第一课

上海交通大学材料科学与工程学院　组编

顾佳俊 杭弢 李琦 编著

上海交通大学出版社
SHANGHAI JIAO TONG UNIVERSITY PRESS

内容提要

本书为"学科解码·大学专业选择指南"丛书中的一册，旨在面向我国高中学生及其家长介绍材料类学科与专业的基本情况，为高中生未来进一步接受高等教育提供专业选择方面的指导。本书内容包括与时俱进的材料、专业面面观、职业生涯发展三部分，从学科发展历程、现状与重要性，专业开设理念，学生培养思路与方法，学生毕业后就业或继续深造方向等几方面加以阐述。通过阅读本书，读者可对当今材料类学科与专业的定位、学生专业素质如何养成、未来毕业后如何实现自身价值等有一定的了解。本书可为高中生寻找自己的兴趣领域、做好未来职业规划提供较全面的信息，也可为材料及相关学科专业本科生及其他希望了解材料学科与专业的读者提供参考。

图书在版编目（CIP）数据

材料类专业第一课/顾佳俊，杭弢，李琦编著. —
上海：上海交通大学出版社，2024.5
ISBN 978-7-313-30537-4

Ⅰ.①材… Ⅱ.①顾…②杭…③李… Ⅲ.①材料科
学—介绍 Ⅳ.①TB3

中国国家版本馆 CIP 数据核字（2024）第 067530 号

材料类专业第一课
CAILIAO LEI ZHUANYE DI-YI KE

编　　著：顾佳俊　杭　弢　李　琦
出版发行：上海交通大学出版社　　　　地　　址：上海市番禺路 951 号
邮政编码：200030　　　　　　　　　　电　　话：021-64071208
印　　制：上海文浩包装科技有限公司　经　　销：全国新华书店
开　　本：880mm×1230mm　1/32　　印　　张：3
字　　数：56 千字
版　　次：2024 年 5 月第 1 版　　　　印　　次：2024 年 5 月第 1 次印刷
书　　号：ISBN 978-7-313-30537-4
定　　价：29.00 元

序

　　党的二十大做出了关于加快建设世界重要人才中心和创新高地的重要战略部署，强调"坚持教育优先发展、科技自立自强、人才引领驱动"，对教育、科技、人才工作一体部署，统筹推进，为大学发挥好基础研究人才培养主力军和重大技术突破的生力军作用提供了根本遵循依据。

　　高水平研究型大学是国家战略科技力量的重要组成部分，是科技第一生产力、人才第一资源、创新第一动力的重要结合点，在推动科教兴国、人才强国和创新驱动发展战略中发挥着不可替代的作用。上海交通大学作为我国历史最悠久、享誉海内外的高等学府之一，始终坚持为党育人、为国育才责任使命，落实立德树人根本任务，大力营造"学在交大、育人神圣"的浓厚氛围，把育人为本作为战略选择，整合多学科知识体系，优化创新人才培养方案，强化因材施教、分类发展，致力于让每一位学生都能够得到最适合的教育、实现最大程度的增值。

　　学科专业是高等教育体系的基本构成，是高校人才培养的基础平台，引导青少年尽早了解和接触学科专业，挖掘培养自身兴趣特长，树立崇尚科学的导向，有助于打通从基础教育到高等教育的人才成长路径，全面提高人才培养质量。而在现实中，由于中小学教育教学体系的特点，不少教师和家长对高校的学科专业，特别是对于量大面广、具有跨学科交叉特点的工科往往不够了解。本套丛书由上海交通大学出版社出版，由多位长期工作在高校科研、教学和学生工作一线的优秀教师共同编纂撰写，他们对学科领域及职业发展有着丰富的知识积累和深刻的理解，希望以此搭建起基础教育到专业教育的桥梁，让中学生可以较早了解学科和专业，拓展视野、培养兴趣，为成长为创新人才奠定基础；以黄旭华、范本尧等优秀师长为榜样，立志报国、勇担重担，到祖国最需要的地方建功立业。

"未来属于青年，希望寄予青年。"每一个学科、每一个专业都蕴含着无穷的智慧与力量。希望本丛书的出版，能够为读者提供更加全面深入的学科与专业知识借鉴，帮助青年学子们更好地规划自己的未来，抓住时代变革的机遇，成为眼中有光、胸中有志、心中有爱、腹中有才的卓越人才！

上海交通大学党委书记

2024 年 5 月

前　言

材料是人类文明发展的基石，人类历史先后经历了石器、青铜、铁器时代，随着近代爆发的两次工业革命，以及当代半导体技术的日益成熟，当今社会持续推进工业化和信息化融合，各种新材料如雨后春笋般出现，支撑了科技的快速发展。例如，硅材料及其加工技术为我们带来了各种手机与电脑芯片，钴酸锂与磷酸铁锂两种正极材料的发明使锂离子电池可以出现在我们生活中的方方面面，氮化镓制备技术的突破为我们带来了又亮又省电的发光二极管灯，薄膜制备技术的发展使人类发现了巨磁阻现象进而有了现在的大容量硬盘，碳材料的进步保障了我们的高铁可以以每小时三四百千米的速度飞奔而受电弓不坏，锆材料的发展可以使人类能够安全地利用核能，轻质高强的结构材料帮助我们实现了月球采样、火星着陆，高温合金的发展使飞机能飞得更快、更高、更省油，钛材料的进步使我们能更好地在海洋采油采气，即使是最传统的钢铁材料也有了手撕钢、超高强钢，把各种应用推到了前所未有的高度。以上种种只是材料领域近 70 年发展的沧海一粟，材料的进步已彻彻底底改变了我们的生活。而在学术上，新材料的创制也为各种新原理、新发现提供了抓手，某种程度上甚至可以大胆认为，能做什么样的材料就能有什么样的科技。

近年来伴随着国家的飞速发展，人民生活水平的不断提高，客观上已形成了"东升西降"的格局，碰撞难以避免。西方国家对我们的封锁清单越列越长、贸易壁垒越筑越高，国家对自主技术的需求越来越大，在"百年未有之大变局"已逐步展开、国家产业全面升级已在路上的时代大背景下，对于立志有一番作为的同学而言，材料方向充满了机会。目前，国家在新能源、半导体、医疗卫生、航天国防等领域的布局，需要大量具备自主知识产权、不会被人"卡脖子"的材料制备与加工技术，需要避免因为"有钱买不到"而受制于人的局面，需要大批心怀星辰大海、有能力、与国同行的创新型材料人才与生力军。

有感于此，笔者认为我们有责任、有必要撰写本书，在帮助读者了解、感受材料学科及专业的同时，消除对材料类专业的误解，减少专业选择时的盲目性。本书的三位作者均为上海交通大学材料科学与工程学院教师，目前正工作于科研、教学与学生工作的第一线。本书第 1 章由顾佳俊撰写，第 2 章由杭弢撰写，第 3 章由李琦撰写。本书在撰写过程中得到了上海交通大学、上海交通大学材料科学与工程学院和上海交通大学出版社的大力支持，在此表示由衷的感谢。鉴于笔者水平有限，书中如有不当之处，欢迎读者批评指正。

顾佳俊

2024 年 3 月

目　录

第 1 章 · 与时俱进的材料　/ 001

1.1　材料发展史　/ 001
1.1.1　硅时代前的材料　/ 002
1.1.2　硅时代的来临　/ 004
1.1.3　结构材料与功能材料　/ 007
1.2　材料的应用及成就　/ 010
1.2.1　无处不在的功能材料　/ 010
1.2.2　上天入地的结构材料　/ 013
1.3　未来机遇与挑战　/ 017

第 2 章 · 专业面面观　/ 021

2.1　初识材料类专业　/ 021
2.1.1　材料是不是"天坑"专业　/ 021
2.1.2　大学里的材料类专业是什么　/ 029
2.2　专业要求　/ 034
2.2.1　你是否适合学材料类专业　/ 034
2.2.2　材料类专业需要哪些知识储备　/ 038
2.2.3　材料类专业的成长方向　/ 045
2.3　材料类部分高校及专业培养　/ 046
2.3.1　材料类高校排名　/ 046

2.3.2　材料类专业设置　/ 048

2.3.3　材料类专业究竟学些什么　/ 055

2.3.4　一流大学材料类专业核心课程　/ 059

第3章　•　职业生涯发展　/ 061

3.1　就业概况　/ 061
3.1.1　就业前景　/ 061
3.1.2　学生就业情况　/ 065
3.2　就业方向及案例　/ 066

附录　•　上海交通大学材料科学与工程学院师资人才

及获奖情况　/ 081

参考文献　/ 085

第1章

与时俱进的材料

1.1 材料发展史

能创造出什么样的材料、怎样用好材料是人类文明发展水平高低的标志。从原始社会到现代社会，人类前进的每一步都伴随着材料的进步，需要有合适材料的支撑。不会做材料、不会用材料，我们就无法摆脱茹毛饮血的命运，只能徒手与大自然拼搏，在物竞天择的过程中争取有限的生存空间；找不到材料、做不好材料，人类的先进制造技术、信息技术就成了停留在图纸上的无本之木而无从发展。当今社会，各种先进材料帮助我们上天入地、改造世界，拓展了我们的视野，带来了巨大的社会效益与经济效益，让我们的生活变得更加美好。下面，我们将简单介绍材料学科发展的过程，带大家感受一下材料对人类社会发展的巨大推动作用。

1.1.1 硅时代前的材料

材料的发展大体上经历了石器时代、青铜时代、铁器时代、硅时代 4 个过程。石器时代早期,受限于认知水平与加工能力,原始人类只是捡拾自然界天然存在的石、骨等原材料,简单加工后就拿来作为工具,基于这些粗糙工具的生产力水平很低。到了石器时代后期,随着人类语言、文字的飞速发展,文明的有效交流得以大幅进步,人类的生产经验与技能才能够更好地传承与积累,材料加工水平飞速提高,逐渐能制作极其复杂的石器与骨器,能加工非常坚硬的玉石,甚至学会了利用黏土,经过再塑造烧制成陶器。在我国,就先后发现了凌家滩遗址、河姆渡遗址、良渚遗址、屈家岭文化遗址、红山文化遗址等一系列石器时代遗址,出土了大量精美的器具,体现出相应文化高度发展的水平。

玉龙,红山文化(公元前 4700—公元前 2900)

　　对于人类如何从石器时代进入金属时代，目前似乎并没有明确的说法。也许古人类在用炭火加热石器器皿或者在烧制陶器的过程中，无意中以碳还原了石器中相应的金属离子，随后得到了锡、铅、金、银等金属。与石器相比，这些金属材料的成型性、加工性更加突出，而且软硬能通过成分调整、加工工艺人为控制，可以做成性能更高、加工更方便、形状更复杂、耐用性更好的器具。随着金属铜的成功冶炼、青铜的发明与应用，人类生产力水平有了突飞猛进的发展。这个阶段，我国的材料水平处于世界领先地位，早在约 3 300 年前的商代就可铸造出重 800 余千克的，式样、花纹、铭文精美的后母戊鼎，作为礼器彰显国力的同时，展现了中国古代文明的发达程度。对于青铜的各种应用，从镜、爵等日常生活用品到剑、戈等武器，再到钟、鼎等礼器一应俱全，针对不同应用场景发展出了相应的成分配比与调控技术，更是以"金有六齐"收录于《周礼·考工记》一书中，这是世界上第一次以文献形式系统记载了材料成分与性能、用途的关系。而对于原料更便宜，但熔炼要求更高的金属铁，我国也早在春秋时代就已经掌握了对其的冶炼技术（见《礼记·曲礼》），并通过调控碳含量、优化各种成分配比、加工及热处理等手段，掌握了钢器具的生产与制作，逐步使金属工具进入民间，大大提升了生产力水平。可以说，在欧洲工业革命前，通过一代代中国工匠不懈的技术摸索与经验积累和传承，我国的金属材料制备、加工及与之对应的应用水平在世界上一直处于领先地位，数千年来一直支撑着光辉灿烂的中华文明的发展。

然而，随着 18 世纪 60 年代第一次欧洲工业革命的兴起，我国在材料的研制、加工方面开始全面落后于西方。在数学、物理、化学等基础学科飞速发展的情况下，理论与实践相辅相成，以机器取代人力、以科学取代经验的两次工业革命实现了机械化、电气化，极大促进了生产力的爆发，使社会面貌发生了翻天覆地的变化。1856 年，英国人 H. Bessemer 发明了转炉炼钢法，实现了钢的大规模生产，一举奠定了近代钢产业的基础，加速了各种机器的大规模研发与应用，甚至出现了如埃菲尔铁塔、自由女神像等彰显国力与价值观的大型金属建筑，大量欧洲国家先后加入了工业强国俱乐部，其生产效率与国力远超传统的农业国，各路列强在全球范围内争相获取资源与市场。在此期间，由于科技上存在代差，我国的大门被坚船利炮轰开，中华民族由此开始了近代百年屈辱史。这也印证了材料的发展与应用水平是一个国家科技与工业能力乃至综合实力的直接标志。

1.1.2 硅时代的来临

伴随着钢铁等结构材料的飞速发展，1956 年，W. B. Shockley、J. Bardeen 和 W. H. Brattain 3 位科学家凭借在半导体理论与晶体管效应方面的工作获得了诺贝尔奖，宣告了硅时代的来临。在此之前，人类早已不满足于仅仅指挥机器来替代体力劳动。20 世纪初，L. de Forest 等人为了让机器具备逻辑运算能力，发明了电子管。该器件基于 T. A. Edison 发明的白炽灯泡，通过高电压将灯丝表面受热激发飞出的电子收集到另一端的金属片电极上，再在电子飞行路径上设置一个金属网，在网上施加电压从而调节通过电子管的电流大小，利用器件导通、截止两个状态来模拟二进制的基本数位。1946 年，世界上诞生的第一台电子计算机 ENIAC 就用了 17 000 多个此类电子管，实现了基本的逻辑运算。然而，电子的热激发过程存在大量能量损耗，因此电子管的发热大、功耗大，而且由于是基于白炽灯泡的结构，电子管体积大、结构脆弱、寿命短，无法实现小型化与集成化。

相反，作为全固态器件，Shockley 等发明的晶体管可取代传统的电子管实现逻辑运算、检波整流等功能，具有体积小、能耗低、运行可靠等显著优点。事实上，早在 1833 年左右，M. Faraday 就发现有些材料与金属不同，其电阻率随温度上升会显著下降。随后，科学家们用光照替代加热，发现了光电导效应，又先后发现了光伏效应、整流效应等，这些效应预示存在着一类物理性质与金属完全不同的新材料——半导体。由于半导体的电阻率对材料纯度非常敏感，因此材料如何提纯成为研究半导体性能、实现半导体应用的关键。1953 年基于相图理论开发出的区域熔炼技术最终解决了这个问题，可使硅的纯度达到电子级的 99.999 999 999%，而高效、低成本的单晶生长技术在解决硅材料电输运各个方向不一致的问题的同时，还大大降低了材料的缺陷，提高了材料的性能与一致性，目前工业界已经可以稳定生长出 12 英寸（1 英寸 = 2.54 cm）的硅单晶晶圆。在新材料与相应的加工技术支撑下，各类逻辑运算器件实现了小型化、集成化，沿着摩尔定律归纳出的道路快速前进。

12英寸的硅单晶晶圆

半导体理论不但促进了各种逻辑运算与信息存储芯片的诞生与飞速发展，还加速了如发光二极管、太阳能电池、热电材料、光电催化材料等各种能量转换器件的研发与应用，推动当代新材料的总体研发目标从注重力学性能向结构与功能并重的方向发展。

1.1.3　结构材料与功能材料

从用途来说，材料可分为两类——结构材料与功能材料。制造受力构件所用的材料称为结构材料，主要追求的是材料的强度（用的过程中是否结实）与韧性（是否脆）等力学性能。此外，根据不同的应用需求，还可能关心结构材料的刚度（是否易变形）、摩擦特性（是否耐磨或者可否减磨）、耐腐蚀性（是否易腐蚀）、抗辐照性（辐射环境下是否易损坏）、蠕变性能（是否可长时间承力）、硬度（表面是否稳定）、疲劳性能（是否能反复加载）、低温韧性（低温下是否脆）、可加工性（是否易加工）等，并针对航空航天等特定领域对轻质材料的需求，需要关注材料的力学性能与材料密度的比值。从材质角度来看，材料一般可以分为金属材料、无机非金属材料和高分子材料，以及这些材料相互组合形成的复合材料。其中，金属材料的发展严重依赖于 20 世纪 30 年代 M. Polanyi、G. Taylor 和 E. Orowan 所提出的位错理论，其背景是当时传统理论所预言的金属切变强度与实验值一直存在百倍以上的差距，几位科学家几乎同时提出了材料中一定存在位错这一关键结构，从而完美解决了上述问题。该见解的伟大之处不仅在于能解释各种金属力学行为，指导材料的设计、制备和加工，更在于直到几十年后随着透射电子显微术（transmission electron microscopy，TEM）的发展、成熟，人类得以在材料中直接观察到位错结构。

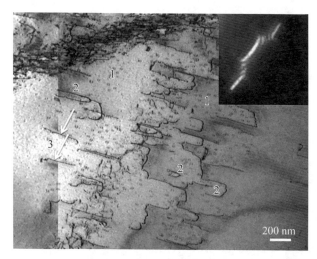

材料中的位错[1]

与结构材料相对应，功能材料追求材料的光、电、磁、热、化学、生化等性能，以及光、电、磁、热这些能量之间的互相转化。此类材料的发展主要依赖于量子力学和建立其上的固体理论，以及材料化学合成方法的进步。利用大部分材料的晶体结构具有周期性的特点，人类可以借助数学模型对材料的光、电、磁、热响应机制有更深入的理解，使开发相关器件成为可能。以太阳能电池为例，其所用的光电极材料从单晶硅、多晶硅，发展到近年来具有钙钛矿结构的新功能材料$MAPbI_3$，在保持性能的同时极大简化了材料的制备工艺，降低了制备成本；既能导电又能透光的集流体，可由氧化铟锡（ITO）、氟掺杂氧化锡（FTO）等透明导电玻璃实现；为实现光生电子与空穴的有效分离，则可采用半导体物理中的异质结结构等。由此可见，为获取一个先进的太阳能电池，可能涉及一系列关键材料，以及将这些材料集成为器件所需的一系列高效、可靠、低成本的制备加工技术，任意一个环节的缺失均会使器件的制备功亏一篑。又如在锂离子电池领域，M. Whittingham 早在 1970 年就已发明了首个锂离子电池，但由于以金属锂作为负极材料，在反复充放电过程中形成的锂枝晶可破坏电池隔膜，引起短路着火，故因其安全性差一直无法大规模应用。直到 1980 年前后 J. Goodenough 发明了 $LiCoO_2$ 材料，并采用了创造性的新思路：以石墨为电池负极，将 $LiCoO_2$ 作为电池正极，一举解决了上述问题。目前，锂离子电池已经深刻改变了社会，支撑了大量相关领域应用的发展，

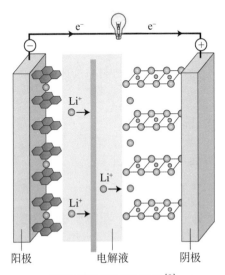

锂离子电池充放电示意图[2]

Goodenough 也因发明了 $LiCoO_2$、$LiFePO_4$ 两大正极材料而获得了 2019 年诺贝尔化学奖。该案例就是通过新材料改变世界的一个有力证据。

1.2 材料的应用及成就

新材料探秘

前面我们已经举了两个例子，半导体材料硅带来了信息革命；$LiCoO_2$ 与 $LiFePO_4$ 正极材料的发明，促成了锂离子电池的大规模应用，推动了小型化、便携化电子器件的发展。除此之外，新材料对我们生活的影响比比皆是：既有无处不在的功能材料，支撑了人类信息技术的爆炸式发展、新能源领域的全新革命；也有上天入地的结构材料，帮助我们"上九天揽月、下五洋捉鳖"，在不断降低生产成本、减少能耗的过程中向着更快、更高、更强、更深的未知领域进发。下面，将为大家进一步展现先进材料的典型成就与应用场景。

1.2.1 无处不在的功能材料

功能材料方面，我们首先来看发光二极管（light emitting diode，LED），它彻底改变了人类的照明模式。1880 年，T. A. Edison 发明了白炽灯泡，虽然解决了照明问题，但通过往灯丝上通电使之发热，进而产生黑体辐射来实现照明的技术路线能耗极大，且器件结构脆弱、寿命短，这一问题长期以来难以解决。随着半导体理论与技术的发展，科学家意识到可以对半导体材料通电以产生电子-空穴对，进而通过电子-空穴再次复合发出具有特定波长的光来实现照明。该器件即发光二极管，其关键是可以直接将电能转换为光能，发光效率高、响应速度快，所发光的波长（即颜色）由半导体的带隙决定，而且由于是全固态器件，其结构紧凑、稳定、寿命长。1962 年，通用电气公司的 N. Holonyak 基于 GaAs 发明了世界上第一个红色 LED 器件。然而，LED 的单色性也成为其作为光源的阻碍。要实现照明，必须合成白色光源，就需要红、绿、蓝色 LED 的组合。虽然早在 20 世纪 70 年代，科学家就已预测到半导体 GaN 可作为蓝色 LED 材料，但数十年来一直难以获得高发光效率的蓝光 LED 器件。直到 1993 年，日本日亚化学的中村修二才解决了材料界面晶格失配的问题，成功制造出了 P 型 GaN 和 InGaN，最终发明了高发光效率的蓝光 LED 器件，并因此获得了 2014 年诺贝尔物理学奖。目前，白光 LED 已深度融入我们的生活，其灯具的耐用性、简洁度和降能耗比之前的白炽灯有了质的飞跃。白光 LED 器件还作为显示器的背景光源广泛用于各类液晶屏中，在显示领域同样带来了全新的革命。

1988 年前后，P. Grünberg 与 A. Fert 在多层膜材料中分别发现了巨磁阻效应。通过把铁磁材料超薄膜与普通金属超薄膜交替堆叠，在磁场作用下所得材料的电阻会显著下降。1994 年，国际商业机器公司的 S. Parkin 利用该效应发明了全新的超灵敏磁盘读出磁头，将磁盘的信息记录密度瞬间提高了一个数量级，成为我们日常生活中电脑超大容量硬盘的技术标准，实现了人类信息存储能力的飞跃。P. Grünberg 与 A. Fert 也因此获得了 2007 年诺贝尔物理学奖，S. Parkin 获得了 2006 年沃尔夫物理学奖。

在热电转换方面，科学家提出了热电材料的概念。利用半导体在热端受热激发出电子或空穴，在浓度差作用下扩散至冷端，从而在冷热端产生电势差的机制来实现热电转换。美国 1977 年发射的"旅行者一号"上已搭载了热电材料（PbTe 等），利用放射性同位素（^{238}Pu）提供热源来实现温差发电，目前已维持了 40 余年。该作用的逆机制也可用于通电制冷。与传统压缩机-制冷剂方案相比，热电制冷器件为全固态器件，无活动部件、无噪声，不需要加注制冷剂，且结构紧凑耐用，特别适合微区局部制冷。然而，目前其制冷效率仍低于传统压缩机-制冷剂方案，一旦效率接近甚至赶超上述方案，势必带来全球冰箱、空调等制冷行业的革命，也会对大功率器件的热管理起到正面推动作用。

此外还有基于光热效应可用于海水淡化、光热治疗的光热材料，燃料电池领域所需的储氢材料、析氢材料等，基于半导体理论的各类气敏、光敏、化学物质检测材料，基于超导理论的超导材料，基于电偶极矩变化的压电材料等，无不在各自领域改变着我们的生活。

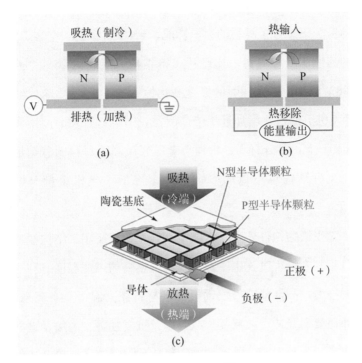

热电材料应用示意图[3]

（a）电制冷/加热；（b）废热发电；（c）应用型热电模组

1.2.2　上天入地的结构材料

在结构材料方面，作为工业皇冠上的一颗明珠，航空制造业是各种高新技术集中表演的舞台，其中轻质、高强复合材料的应用可以让我们的飞机飞得更快、更远、更省油。早期飞机所用的金属材料多为铝合金和钢，后来发展到钛合金。而从20 世纪 70 年代起，各类碳纤维增强树脂复合材料开始大量应用于飞机的副翼、升降舵、方向舵和扰流板等部位，在降低重量的情况下维持了材料的力学性能。到 21 世纪初，空客 A380 上的高性能复合材料占比已达飞机结构总重量的 25%；而波音 787 上的复合材料用量更是高达惊人的 50%，比前代波音 777 飞机上的占比增加近 1 倍。而在我国自行研发的商用大飞机 C919 上，复合材料、铝锂合金等轻质高强材料的总重量也已占飞机结构总重量的 25%，显著降低了飞机重量与燃料消耗。

除飞机结构件外，一台航空喷气发动机所用的结构材料也决定了其先进程度。由于提高发动机燃料的燃烧温度有利于获得大推力，高性能喷气发动机要求材料在高温下具备高强度，此外还要耐受冲击、反复加载，以及抗腐蚀等。为满足这些苛刻要求，人类发明了能在 600℃ 高温下使用的高温合金，如镍基高温合金可用于制造发动机涡轮叶片。然而，除了要优化化学成分外，这些叶片所用的材料往往还要采用定向凝固、单晶生长等方法成型，以沿着特殊方向保持最高的力学性能并且减少高温下的晶界缺陷，此外还需要在表面施加陶瓷防护层。所有这些要求对材料的成型、加工、复合工艺提出了苛刻的要求，能否高效创制、加工这些材料成为是否可以造出一台先进航空发动机的先决条件，也是体现一个国家工业实力高低的标志。

此外，发动机轴的旋转需要优秀的轴承材料。随着转速增加、扭矩加大、温度升高，如何减小摩擦、保持机构稳定可靠运转、延长寿命就成为关键问题。对此，科学家发明了高性能硅氮化物 Si_3N_4 全陶瓷轴承材料，比传统的钢轴承材料摩擦更小、更轻、更硬、更耐温、更耐腐蚀，是用于高负载、高速、高温条件下的理想轴承材料。然而，这类陶瓷材料在烧制的过程中往往难以实现致密化，在更高温度下烧制时又容易直接升华分解，因此如何控制好这类材料的孔隙和总体形状是制备和加工的难点。材料的最终质量会直接影响轴承的耐磨性能，进而影响轴的转速，最终影响设备的工作效率。

除了上天，各种海洋装备也时时刻刻体现着先进结构材料的重要性。曾有人做过实验将铝、铜、不锈钢和钛放置在海水中，数年后只有"海洋金属"钛仍旧安然无恙。钛及其合金强度高、密度相对小，更耐海洋环境的腐蚀，是理想的海洋装备材料，在民用、军用领域都有广泛的用途。2020 年，我国自行研制的"奋斗者"号深海探测器成功将 3 名潜航员带至 10 000 米以下的深海，创造了中国载人深潜的新纪录。该探测器的核心部件——载人舱球壳就是用钛合金制造的。在制造过程中，不但需要设计、控制好钛合金的成分和组织，还要通过焊接把两个钛合金半球组合在一起。在万米深海的巨大压力下，如何保证这些焊缝不出问题，对焊接工艺提出了极高的要求。正因如此，"奋斗者"号的成功标志着我国在材料加工领域已步入国际领先水平。

耐腐蚀材料用于建造海上钻井平台

此外，能源领域对先进结构材料也有大量需求。对于一个核电站来说，燃料棒系统是其核心组成。锆合金由于其具有低热中子吸收截面，并且在300～400℃环境下对水蒸气耐蚀性高，常被用来制备盛放铀燃料棒的套管。这些细长的锆合金套管（厘米级粗、数米长）对材料的成分设计、制备、加工提出了极高的要求，属于高科技高附加值产品，离开这类特殊材料及部件，整个核电站将难以工作。而在风能领域，巨大的叶片一般采用树脂基复合材料，具有重量轻、强度高、抗腐蚀、易成型、成本低的特点。这些材料的大规模应用为推动我国绿色能源的发展做出了巨大的贡献，2022年，我国非化石能源的发电量已占总发电量的36%（见《中国电力发展报告2023》）。

1.3　未来机遇与挑战

科技竞争往往最终落于材料的竞争。步入 21 世纪以来，有一系列与材料相关的工作已获得了诺贝尔奖，包括 2000 年的导电聚合物、激光二极管，2007 年的巨磁阻效应，2009 年的光纤、半导体成像，2010 年的石墨烯，2011 年的准晶，2014 年的蓝光 LED，2019 年的锂离子电池，2023 年的量子点等。同时，国际上大量头部企业始终致力于新材料的落地与技术的产业化，以提升企业发展的主动权，强化竞争力。随着资本运作效率的提高与技术的进步，新材料从诞生到成熟的周期正在加快，各种新兴材料如量子点材料、二维材料等正在蓬勃发展。结构材料主要向着更强、更韧、更轻的方向发展，功能材料则一般追求功能更丰富、响应更快、效率更高。材料各领域长期存在的各种老大难瓶颈问题，实际上既是挑战，更是机遇，一旦突破即可对竞争对手形成代差，并对社会进步产生巨大推动。这些问题包括如何同时提高结构材料的强度与韧性、如何同时提高储能器件的能量密度与功率密度、如何提高材料的电导率却又同时降低热导率、如何提高超导转变温度、如何进一步提高半导体器件的热稳定性、如何提高低维材料的加工性与稳定性，等等。

具体到我国，自中华人民共和国成立后，经过多代中国人的不懈奋斗和努力建设，国家已经从当年一个积贫积弱的农业

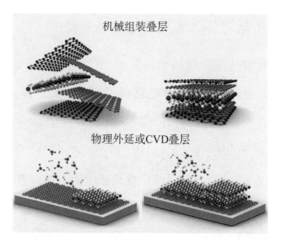

二维材料与范德瓦耳斯异质结器件制备示意图[4]

国，发展成为第一大工业国。然而，随着"百年未有之大变局"的逐步展开，西方一些国家为了阻止我国进一步发展，在技术、经济、文化等各个方面的打压变本加厉。由于材料的发展水平在某种程度上决定了一个国家的科技实力，关键材料已经成为我国被国际禁运、技术封锁、贸易制裁的重灾区。在中美贸易战开局的 2018 年，《科技日报》曾列举了中国被西方卡脖子的 35 项关键技术，经粗略统计，其中高达 29 项与材料密切相关，更有 12 项卡的就是材料本身。

虽然近年来我们在汽车、大飞机、液化天然气船等大量产业中取得了技术突破，并在新能源领域实现了弯道超车，标志着我国工业正在由大转强，但在很多领域仍落后于西方。如"芯片之争"，其背后的关键就在于芯片制造过程中相关材料和加工工艺的国产化与自主化不足，只有通过材料工作者的努力攻关，才能让"中国芯"跳动得更加强劲和有力。此外，翱翔蓝天的国产大飞机是中国人的骄傲，但与世界先进大飞机的复合材料使用率超过 50％相比，我国在先进复合材料技术上还有待追赶，在航空发动机、轴承、单晶叶片、叶片热障涂层上也存在差距。

因此，为了打破技术封锁，加速摘取工业皇冠上的一颗颗璀璨明珠，实现中华民族的伟大复兴，国家比任何时候都更加迫切地需要一大批具有家国情怀、能独当一面的材料领域高水平人才，需要大量从事基础和应用研究、有自主性和创造性的材料学科生力军。材料科学领域本身就是大咖云集、群星闪耀的舞台，更是诺贝尔奖的宠儿，纵观历史，三分之一的诺贝尔物理、化学奖与材料相关，材料的每一项突破都使社会产生了巨大的变革，带来巨大的社会效益与经济效益。掌握了先进材料就站在了世界科技的巅峰。如在《科技日报》列举被卡脖子的 35 项关键技术的同时，所列第 29 项锂离子电池隔膜的国产技术落地，有力支撑了我国锂离子电池这一关键技术在国际上的领先地位，并使我国在 2023 年赶超日本成为世界第一大汽车出口国。

五千年来，人类社会从石器时代、青铜时代、铁器时代一直发展到当今的硅时代，以材料为划分时代的标志，奠定了人类文明发展的物质基础。18 世纪工业革命之前，我国的文明与技术一直走在世界前列，以金属冶炼、加工为标志的材料发展也处于世界领先水平。随着眼下西方技术封锁的不断升级，我国材料自主研发的急迫性持续升温，半导体、新能源、医疗卫生产业爆发式发展，时代的接力棒又交到了我们新一代年轻人的手中，下一个时代会以什么材料为标志？这将由新一代材料人来解答。

第2章

专业面面观

2.1　初识材料类专业

在上海、北京、吉林、宁夏、甘肃等地高中开展的调查问卷显示，将近 60％的同学对材料专业感兴趣，但同时约有 74％的同学不了解材料类专业。本节将会从多个方面介绍材料类专业的情况，让大家对此学科和专业有初步了解。

2.1.1　材料是不是"天坑"专业

第 1 章我们介绍了各种材料，材料类专业的目标就是研究这些材料，解决实际难题。这样以实用性为目标的专业理应具有非常乐观的发展前景和就业渠道。但是近年来，材料类专业却常被冠以"天坑"专业的名头，位列"四大天坑"之一。但是材料真的是"天坑"吗？在笔者眼里，答案是否定的。所谓"天坑"，是说专业性价比不高，于个人的人生价值实现不利。而材料这个专业之所以顶着"天坑"的名头，说到底还是期望与现实之间存在差距。

自古以来，材料都是人类生产生活中的重要组成。一代代的技术和文明，总是伴随着新材料的出现和推广而向前演进的。古代人类文明分为石器时代、青铜时代、铁器时代，材料的使用标志着文明的水平。到了近现代，我们则迎来了蒸汽机时代、电气时代、信息时代、智能时代，钢铁材料、电磁材料、半导体材料的一次次突破引领着一次次工业革命的浪潮，可以说，材料的发展承载了技术的进步和社会发展的方向。纵观人类历史，就像一部以材料为暗线的电影，它总是潜藏幕后但至关重要，推动着人类社会的发展。也正是这个原因，当材料作为一门学科登上历史舞台时，人们又会对此抱有极高的预期。20 世纪末，登场不久的材料类专业便同生物、计算机一起被列为属于 21 世纪的未来学科，推动了大量有志青年进入这一学科。

如今，这一批材料青年已步入中年。或许他们曾因未能实现自身抱负而发出"天坑"的哀叹，但自嘲之余，他们也铺就了中国材料人的崛起之路。材料类专业的毕业生大量从事产品研发、工程制造、科学研究等工作，其中不少涉及新材料的研究与应用开发，对于国家材料领域的发展至关重要，承载着重大的社会责任。显然，不管是出于对个人价值的回报，还是出于对人才的吸引和激励，这些岗位的平均工资水平和上升空间都会相对较为可观。而从更宏观的角度看，在材料方向，个人的理想与国家的发展相互融合，在自身职业发展的同时，也为国家科技事业的繁荣贡献着力量。

如今，我们正逐渐步入智能制造工业 4.0 时代。各项工业门类都有条不紊地进行着智能化改造。或许有人认为，在这一过程中，材料的发展已经触及顶峰，新材料的研发已逐步减慢，取而代之的是各类已有材料的规范与应用开发。然而，就如同 19 世纪的物理学家们曾认为物理大厦已成，剩下的工作只是修修补补一般，谁能预料到仅有的几朵乌云中会不会酝酿出如同量子力学般颠覆性的发展呢？如今的材料也有数个亟待解决的重点问题。

首先是时不时会跳出来抢一下热点的超导问题。如今，我国自主研发的时速超 600 千米的高温超导电动悬浮列车已经实现了悬浮运行，离实现地面起飞又近了一大步。然而所谓的"高温超导"也只是相对最初的超导理论的"高温"。实际应用依然需要用液氮冷却等方式将其温度降低到 $-190℃$ 左右。虽然超导材料拥有零损耗的优点，但将其应用于电力传输系统依然需要考虑成本问题。如果有一天真能制出在常温下具有超导性能的材料，物理题中远距离输电损耗过大的陷阱就再也不会折磨人了。超导材料也可以应用于可控核聚变装置。核聚变是非常重要的清洁能源，是星辰大海征途的重要一步，一旦取得突破，整个能源体系将会产生根本性的变革，而高温超导强场磁体正是可控核聚变的技术瓶颈之一。如今，超导的实际应用和机理研究仍存在一定困难，原有的超导理论只能解释部分材料的超导现象，而室温超导从理论上看依然具备极大的可能性。于是材料学者们如饥似渴地在新体系中寻找可能蕴含的超导现象。曹原等[5]人发现，将低温下的两层石墨烯以略有偏移的角度"魔角"堆叠，就能成为超导体。随后，他们又创造了3层和4层的"魔角"石墨烯，发现了它的更多性能，如可以在强磁场中保持超导电性、可以用于核磁共振成像从而获得更清晰的人体图像。除了它本身的应用，对"魔角"石墨烯的研究还能帮助科学家理解超导的机理，设计其他超导体，促进量子计算的进步。

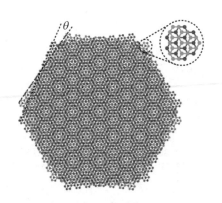

"魔角"石墨烯结构

具备更强储能能力的材料也是当前的重点研究方向。目前的新能源汽车存在自燃等风险，钠离子电池在中国汽车技术研究中心有限公司（简称中汽中心）的检测中表现出了优异的安全性能，可以接受超大密度的电流并能稳定地以高功率输出，因此充电和放电的性能都非常好，如某刚上市的汽车行驶百公里耗电仅为 10 度。此外，我国钠资源储量丰富，约占全球总量的 22%，有利于降低成本和大规模量产。但是，钠电池的工业化使用仍在起步阶段，供应链和保障体系等不够健全，充放电循环的次数和能量密度也较为有限，有待进一步深入研究。同样绿色环保的氢燃料电池汽车也已上市，与电动汽车一样是未来的一大希望。然而，氢燃料电池汽车目前销量惨淡，这一问题的根源一部分是因为氢气供应困难。上海交通大学丁文江院士团队找到了镁基储氢材料这样一条备受瞩目的解决途径，它高效、安全、成本较低，目前已经有了不少相关报道，虽然还未能实现真正的"氢"装上阵，但无疑提供了一种可行性颇高的新思路。

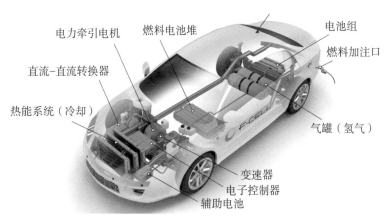

氢燃料汽车 [6]

在航空航天领域，同样少不了材料的身影。铝合金具有价格低、密度小、强度适中、耐腐蚀和易加工等优点，被广泛应用于航空航天领域，如 C919 大飞机的机身中就有铝合金的身影。未来，铝合金将继续向高韧高强等方向改进，探索更多应用场景，更好地服务于人类。飞机能飞上天少不了发动机的鼎力相助，发动机的研制一直是国产大飞机的一大困难。周尧和院士对金属凝固理论和铸造工艺的研究，以及上海交通大学孙宝德教授对凝固组织调控和定向凝固技术的探索，助力我国突破了薄壁复杂合金构件精密成型的瓶颈，推动了航空发动机的研制进程。飞机的起落架关系到飞机起飞和降落时的安全和稳定，同样是个关键部件。传统的制备方法往往是对一整块材料进行切削，会造成加工困难、材料浪费、成本较高等问题，3D 打印是个非常合适的解决途径。北京

C919 大飞机

航空航天大学的王华明教授团队利用这项技术，生产了大量钛合金关键部件，安装在 C919、运 20 等飞机上，实现了弯道超车。

伴随着国家近年来的飞速发展和人民生活水平的不断提高，西方国家对我们的封锁清单越列越长、贸易壁垒越筑越高，国家对自主技术的需求越来越大。在"百年未有之大变局"已逐步展开、国家产业全面升级已在路上的时代大背景下，对于立志有一番作为的同学而言，材料绝不是"天坑"。材料是一门非常基础的应用学科，任何一种材料的更新换代都可能导致连锁反应。正如武汉理工大学的麦立强教授所说："材料引领人类文明和社会进步，同时也是大国博弈、科技竞争的战略基石，材料强则国家强。"新材料产业是我国基础性、战略性、先导性产业，在"十四五"期间，我国新材料产业重点发展高端新材料，同时国家希望能逐个击破基础材料品质不高、关键战略材料高度依赖进口和前沿新材料创新不足等难题，这意味着材料的研发、设计、应用等方面都有巨大的人才缺口。华为 Mate60 上举世瞩目的麒麟 9 000S 芯片标志着中国芯片制造工艺的一大突破，不过工艺流程以及芯片的产量和性能仍有待提升。随着国家工业能力的进步，电子消费品应用到生活的方方面面，对芯片的需求就会越来越多，这也需要大量的材料行业人才。

至于未来材料如何发展，能不能突破人工智能材料的极限，这个问题没有明确的答案，但正是这种未知性使得科学如此迷人，吸引着科学家们不断探索。就像几千万年前的恐龙无法想象渺小的人类能在地球崭露头角，穴居蒙昧的远古人亦无法理解人类如何与遥远的亲朋好友见面交流，我们也难以想象未来的材料科学会产生怎样的巨大变革。不妨大胆推测，在不久的将来，影视片中的种种神奇场景都将成为现实：哈利·波特的隐身衣、古筝计划中的纳米线、无坚不摧的艾德曼合金……科学家和工程师将不断突破人类的认知极限，创造出让人眼前一亮的材料奇观。或许某一天，我们就可以乘坐《流浪地球》中的同款太空电梯，让高强的纳米材料带着我们直通悬浮于天际的太空站，与家人朋友一起观光旅游，那一定会是一段充满新奇的旅程。

在触手可及的未来，中国和俄罗斯正计划着建立国际月球科研站，在月球表面和月球轨道开展科研活动，未来也将在其他行星上建立这样的科研站。科研站的建设和运行将使用大量材料，如果全部通过火箭运输必将面对成本过高的问题。于是就地取材、自给自足成了未来太空科研站亟待解决的问题，而且这些应用于太空环境中的材料必须具有适应高低温交替、强紫外线照射等特殊环境的能力，生产过程本身也需要脱离重力的加持。不同的星球会有不同的矿产分布，而各类材料又需要针对不同的要求进行设计和制造，这意味着在未来，每一个人类生活或探索的星球都将形成一套完整的材料体系。人类探索宇宙的计划等待着大量材料领域人才的参与。

总体来说，材料的时代永远不会落幕。传统材料会随着全球市场的拓宽而稳步增长，能源材料会随着环保观念、政策的变化而大步前进，电子材料会随着国产芯片的突破而爆发，生物医用材料则随着医疗水平的提高愈发重要……材料类专业的人才拥有独特的知识技能，可以在各个领域发光发热，推动社会的发展和人类生活水平的提高。

或许这些都太"高大上"，离我们的生活太过遥远，让普通人望而却步，其实材料领域也有很多接地气的奇妙应用。曾经风靡一时的"天气预报瓶"以内部液体浑浊程度代表着天气情况，是个漂亮且实用的摆件。这其实是利用了物质在不同温度下结晶度的差异设计的，温度降低时结晶析出，温度升高时结晶又重新溶解，于是便会随着温度变化一会儿浑浊一会儿清澈。另外，据称当今世界顶级的巧克力大师也曾苦心研读材料学专著，他的目的是钻研可可脂的结晶特性，让巧克力的材料配比更加诱人、口感更加香甜。

现在，你还认为材料是"天坑"吗？

2.1.2　大学里的材料类专业是什么

大学里的材料类专业到底是什么呢？这一点早有材料学者做了简单而精准的总结，材料类专业的核心便是材料科学四面体——性能、成分、结构和加工工艺各居一角，四者之间相互影响。无论是成分、结构还是加工工艺，都将影响我们最关心的材料性能。

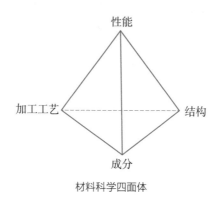

材料科学四面体

成分的影响显而易见，正是成分的不同区分了材料的种类。普通橡胶遇热变软、遇冷变硬，使用范围有限。加入硫黄使橡胶分子由线形变成立体网状结构后，能获得许多优良性能，这样的橡胶称为"硫化橡胶"。硫化橡胶的性能与加入硫黄的量关系很大：加入硫黄的量较多时，橡胶就像橡皮筋一样不容易被拉断，反复拉也不会有变化，但是不耐热、不能长时间使用；加入硫黄的量较少时，橡胶更加耐热而且能长时间使用，但是容易被拉断，更不能多次拉它；加入硫黄的量居中时，所有性能也适中。

结构对性能的影响也容易理解，同样是鸡蛋，煮熟的与生的完全不同。古代电视剧中常出现铁匠铺打铁的镜头，师傅会将铁烧红、捶打，再浸入冷水，如此反复，来获得想要的形状。原因是不同温度下铁的结构不同，烧红时铁的内部结构让它更容易变形，泡在冷水中时会发生温度的突降，形成坚硬的结构。一个优秀的铁匠可以熟练掌握这项手艺，利用高温结构和低温结构的性能差异，制造出更趁手的武器（如《干将莫邪》的故事）。

最后可不能忽略加工工艺。同样是土豆制品，土豆泥、薯条和薯片的口感可谓天差地别，最根本的区别是烹饪方式的不同。材料的加工方式改变，就像烹饪方式改变一样，会对最终的材料性能造成很大影响。掌握足够多的知识后，材料人可以像烹饪大师那样自创菜谱，通过调整材料的组织结构和加工工艺，就能改进现有材料，或是研发新型材料，为材料的实际应用提供科学指导。

总之，在材料类专业，我们能收获理解、设计、创造材料的方法，为材料的不断改进和创新提供坚实的基础，从而推动科技的前进。它不仅是现代科学和工程领域的重要支柱，也为解决全球性挑战问题和人类生活水平的进一步提高提供关键支撑。国内有 200 多所大学开设了材料类专业，足以证明它在学术界的重要地位。无论你是对科学探索满怀好奇，还是对改造创新充满激情，材料类专业都将是一个令你兴奋的地方。

师兄师姐说

下面让我们听一听在材料类专业就读的学生从不同方面的

详细介绍。

一位专心学习的本科生说："网上很多人总是说材料有点像文科，实际上不是这样的。作为一名材料类专业的本科生，就我个人的学习经历来说，学习材料不是死记硬背，而应该是理解知识、应用知识。除了理论，材料是个实验性较强的学科，现在也有很多研究模拟计算、仿真的方向。我们的老师都是各个方向的大牛，上课时老师会结合课程内容给我们介绍课题组的最新研究进展，让我们对这些前沿的东西有一定了解。我个人觉得材料是个很有意思的学科。"

另一位抱负远大的本科生说："作为各行各业进步的基石，材料的身影广泛地出现在我们日常生活中的方方面面，时刻提醒着我们学会、学好材料学知识的重要性。来到交大，无论是课堂上老师的谆谆教诲，还是实验室里导师的亲身指导，都让我受益良多。面向前沿科学技术，面向重大工程项目，这是学院老师对我们的殷切期望，更是上海交大材料学子质朴的学业追求。"

一位在本科阶段就开始接触科学研究的博士生说："在材料学院就读，是非常幸运和幸福的。材料学院科研的氛围非常浓厚，老师们都在自己的领域颇有建树，也非常乐意教导学生，很多学生在本科的头几年就早早地进实验室接触科研，例如，我在本科阶段就接触了水凝胶、锂电池、量子点等多个科研方向，不光丰富了自己的见闻和知识，也帮助我选择了博士阶段的研究方向。在科研时成功做出一点东西也令我非常有成就感。总之,在材料学院,能够学到很多知识、遇见很多大牛,对个人的成长是十分有益的。"

一位打算继续读博的硕士生说:"在材料科学与工程专业,我有幸加入德高望重的教授的团队,团队成员的精湛技艺和指导给了我很多帮助,让我对我的研究课题有了更深刻的领悟。在我的学术旅途中,得益于材料科学与工程的多学科领域探索,我能与不同背景的人合作,探索更广泛的领域,学起来一点也不枯燥。总的来说,这一路走来虽然有些曲折,但也充满了挑战和乐趣。我会在材料领域继续探索,享受研究的乐趣。"

另一位非常享受上海交通大学学习环境的硕士生说:"在上海交通大学,宽敞的绿地、美丽的景观和现代化的建筑为学习提供了宜人的氛围,丰富的学术资源和先进的设施为我的学习研究提供了支持和便利条件。在课程上,学院给予我很大的学习自由度,可以根据自己的兴趣和目标选择专业课程。在科研期间,我感受到了团结的组内氛围,大家互相支持,相互学习,共同进步,组内丰富的活动,如羽毛球和春游,也让我们在科研之余得到适当的放松和锻炼。学院丰富的学术讲座及学术会议则提供了与国内外优秀学者交流的机会,不仅提高了我的学术素养,还能有机会展示自己的研究成果。"

2.2 专业要求

对很多人来说，材料类专业仍然是个很陌生的领域，让我们从大家熟悉的角度出发，介绍材料类专业的要求，以及对学生的期望。

2.2.1 你是否适合学材料类专业

要想知道自己是否适合就读材料类专业，不妨从一些基本条件出发进行大致判断。

首先，谈谈学术要求，这会在下一小节深入探讨，此处只做简单介绍。材料类专业是一个融合了物理、化学和数学知识的宝库，如果在这几门课上表现突出，就能拥有开启宝库大门的金钥匙。例如，就像按照不同比例混合红色和蓝色的橡皮泥会调出不同的紫色，不同的金属原子化合，会获得名为"金属间化合物"的材料，它的性能很大程度上取决于原子的种类和比例，需要应用化学知识细细挑选；吹糖人的师傅讲究快准狠，制作软糖却得耐心等它降温，这样把材料加热或冷却，变成想要的形状，就用到了物理中的熔点和比热容等知识；如果对加热温度、冷却方式和原子比例等参数的变化如何影响最终材料的性质充满兴趣，数学模拟计算会是一个得力工具，就像在烤蛋糕前计算好原料配比、温度时间会更高效美味，数学计算可以指导实际生产，具有很高的价值。

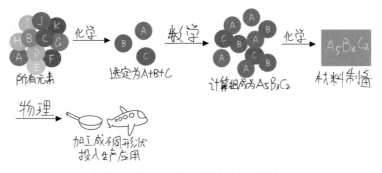

数学、物理、化学在材料中的应用举例

　　其次，材料科学适合那些充满好奇心、喜欢探索未知领域的同学。面对相同的现象，充满好奇心代表更能发现问题，喜欢探索则意味着更能仔细研究。前辈已经解决的问题、已经探明的道路，是我们学习的内容，能帮助我们掌握适用的基本法则和了解可能存在的特例。我们的任务是深入研究各种现象，找出背后的原因和潜在的应用，或是针对某些需求仔细分析，挑选合适的材料或工艺流程。例如，Heimeier 发现，在电场的作用下，液晶的排列会发生变化，从而改变光学性质，造成光束强度的变化，即液晶的电光效应。基于一定的研究成果，液晶最终被用于制作显示器。相比之前的显示技术，它提升了视觉体验，也减轻了设备的重量，如今笔记本电脑屏幕几乎都采用了液晶技术，大大方便了我们的生活。

　　另外，对于动手能力强、善于团队沟通的同学来说，材料类专业绝对是天堂般的存在。材料充满了实验的元素，从材料

液晶显示器

的合成、加工、改性到性能测试、表征分析，无一不需要动手操作。可能会有人认为实验就是按照给定的流程操作，一点都不难。其实，中学阶段写进了教科书的实验，一般经过反复推敲验证，实验步骤详细，实验结果具有很高的可重复性。在材料类专业的研究中，实验却不是这样规范、可控的，每一次实验都像一次冒险，药品的种类、浓度和使用的工艺参数都可能对结果产生很大影响，我们需要不断调整各个参数，以期获得理想的性能。与其他学科一样，这样的探索性实验充满了未知与不确定性，相同的实验参数也可能获得截然相反的结果。但这并不意味着无法控制。实验失败多半是受到了某些未知因素的影响，甚至可能是新打开的试剂存放太久变质了，因此网络上有人戏称"重复成功的实验需要复制每一个操作，哪怕是给它磕头”。当然这只是玩笑，想要提高成功率必须找到真正的原因。在这种时候，团队的沟通合作往往非常关键。每个人都会遇到各种失败原因，通过与团队成员的交流，你可以总结影响因素，深入探究问题的成因和解决途径。而对科研小白来说，一声“师兄”“师姐”总能求得场外援助，吸收经验教训，帮助自己更快地成长。此外，团队交流还可以更加了解其他人的研究进展，拓宽思路、提供新创意，由此改进研究内容，更快取得成果。

最后一点也是最重要的一点，要有对材料类专业的浓厚兴趣。材料并不像数学那样严苛、要求超高的智商，与北大的韦神之间存在“可悲的厚障壁”不影响我们在材料领域脱颖而出。前面列出的各项能力是很重要，但是并不是决定性因素，因为这些能力大多能通过后天努力获得。在材料领域，兴趣是最好的老师，只要对材料类专业充满兴趣，你就能迈出第一步，并逐步提高各方面能力。牛顿被苹果砸中后发现了万有引力，其他人只会擦擦苹果说真好吃，相信不仅是因为他足够聪明，更是因为他对科学有浓厚的兴趣。世界上从来不缺少聪明人，唯有那些对材料充满热情的人，才能在探索的道路上越走越远。兴趣就像是火花，只要保持热情和毅力，火花终将成为火焰，照亮周围的迷茫，带领人类继续向前探索。

牛顿的苹果树（拍摄于剑桥大学三一学院）

2.2.2 材料类专业需要哪些知识储备

材料类专业不是孤立的，它是基础学科与应用学科的交叉，需要掌握较为丰富的基础知识。

如生物医用材料，这是材料领域的一大组成部分，研究这个方向的同学需要学习一定的医学知识。人类使用生物医用材料的历史几乎与人类历史一样漫长，生物医用材料一直是人类与疾病斗争的有效工具。约公元前 3 500 年，古埃及人就已经开始利用棉花纤维和马鬃缝合伤口，如今现代医学使用着更先进的可吸收缝合线。缝合线的发展就是材料和医学交叉融合的杰作。从医学的视角看，这些材料必须具备出色的生物相容性，不能引发人体的不良反应；它们需要具有抗菌性，万一因为缝合导致细菌感染，很容易给病人带来生命危险；它们会在一定时间后自行分解，而且分解产物也不能对人体造成危害。从材料的角度出发，这些材料需要有卓越的弹性和韧性，以确保它们不会在医生穿针引线的过程中断裂；它们必须保持一定的稳定性，以免过早分解；它们还需要能够承受一定的负荷，减轻伤口的张力和压力，帮助伤口更快愈合。这只是普通的缝合线，对于承担更重要责任的假肢、心脏支架等器具，就有更多更复杂的要求。上海交通大学材料科学与工程学院的丁文江院士、袁广银教授团队与上海交通大学医学院附属第九人民医院的戴尅戎院士团队联手，研发了国内首个人体内可降解的镁合金骨钉，已经开始进行临床试验，大范围使用指日可待。这种可降解镁合金骨钉不仅能够治疗骨折，其降解产物镁还是人体必须元素，具备抗感染、调节神经、强化骨骼等功效。如今，材料科学家们仍在不断改进已有材料，或是合成新材料，希望它们能在医学领域发挥更大的作用，最大程度上保护我们的生命安全。

再如结构材料，它广泛应用于制造承力构件，负责支撑我们的世界。进入这一方向，就要学习机械中的力学和设计知识。以使用范围最广的结构材料——钢筋混凝土为例，它几乎是现代建筑的基石。作为建筑材料，钢筋混凝土的设计要求非常高，博主"李不白"用石头挑战"铁杵磨成针"，选择的就是我国 90% 的土木建筑中都会使用的 HRB400 螺纹钢，经过

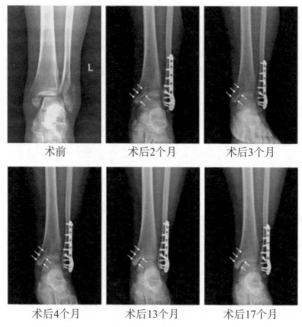

术前　　　　术后2个月　　　　术后3个月

术后4个月　　术后13个月　　术后17个月

使用镁合金骨钉治疗骨折的患者术前和术后 X 射线照片 [7]

两千多天的挑战，他甚至把一块坚硬的石头磨出了凹槽，可螺纹钢仅仅掉了一层皮。这类钢筋混凝土具有超高的强度和韧性，即使面对地震也常常保持原状，不会被轻易撼动的。结构材料的一大挑战是减轻重量，在许多应用场景中，更轻的重量意味着节能环保。在此趋势下，轻质高强的复合材料正在慢慢取代钢铁，发挥更大的用途。铝基复合材料的研究开始于哈勃望远镜等需求，并逐渐在汽车、精密仪器、军工等领域得到应用。上海交通大学的王浩伟教授团队面向材料科学前沿和国家重大战略需求，研究出了性能优异的陶瓷颗粒增强铝基复合材料，简称"陶铝合金"，已经应用于高铁箱体、汽车车身、船舶主体等部件的制造。在实际使用过程中，结构材料可能会承受来自各种方向的力，如拉伸、压缩和弯曲，它们必须保持形状不变。为了确保这一点，在材料制备时就需要充分考虑所有可能情况并进行检验。此外，建筑中如何排布这些材料属于机械设计的范畴，不同的排布方式会有不同的受力情况，对材料的要求也各不相同，这也直接关系到我们的安全。材料工作者需要综合各个学科、各种要素进行分析，找到总体上的最佳解决方案。

即便同学们没有接触过其他方面的知识也不需要太过担心，大学的初期都会学习专业基础课程，确保每一位同学都有机会建立初步而全面的了解，等确定了具体研究方向后，再更有针对性地深入学习。对于高中生而言，最关键的是对数学、物理和化学知识的把握。这几门课程会在高中阶段甚至更早开设，大学阶段的教学只会略微提及基础知识，主要讲的是更加深入、更加复杂的内容。

材料类专业对数学的要求主要是基本的运算和分析能力。例如，课堂上会讲解重要的理论模型，涉及不少数学公式，需要进行公式的求解与计算。认为数学枯燥乏味、担心听不懂也没关系，要相信老师能通过奇妙的手段让人紧跟思路、专心听讲。不过，部分研究方向会用到更多的数学知识。上海交通大学的潘健生院士长期从事材料的热处理研究，建立起各种复杂现象的数学模型，率先实现复杂形状零件热处理工艺的计算机模拟，解决了实际生产中的难题，推动热处理从经验型向基于科学计算的精密型技术方向跨越。对于和潘院士一样喜欢理论研究的同学来说，可能经常需要推导各种公式，进行各种数学近似，这时就要具备比较高的数学水平了。

材料和化学的关联度非常高。材料中的化学知识主要应用于材料的合成、改性等方面，比较注重化学反应的相关内容，如化学方程式的计算、反应过程中反应物和产物的变化等，也会包含不少材料的物理性能和化学性能等方面知识的应用。上海交通大学的张荻院士精心筛选了多种生物，就像制作化石一般，在保留生物精细构型的前提下，利用化学方法把生物组分替换为人工材料，获得了"遗态材料"，促进了高性能构型化材料的发展。例如，寒带蝴蝶需要充分吸收太阳光来获得更多能量，张荻院士团队就利用寒带蝴蝶作为模板，获得了对太阳光有极高吸收率的新材料，适于光能转换领域的应用[8]。

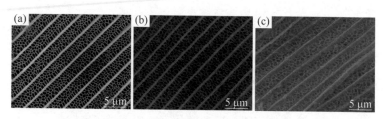

基于蝶翅鳞片三维结构的 Au/SnO_2 纳米复合材料[8]

（a）原始蝴蝶翅膀鳞片的照片；（b）具有蝴蝶翅膀鳞片结构的氧化物照片；
（c）具有蝴蝶翅膀鳞片结构的复合材料照片

　　物理也是材料领域的一大板块。热学、电学、光学、力学、磁学等都会在材料领域中广泛应用，如卫星表面承受极高极低环境温度的材料设计，分离提纯中利用电场驱动离子的定向迁移，材料应用前进行的力学检测，分析材料时各种光学原理的合理利用，以及硬盘等磁存储器件的不断改进。现代的电子产品往往朝着小型化和高性能的方向发展，如何控制热量和辐射就成了一个技术难点。针对这个难点和国家需求，邓龙江院士认为，磁性材料可以调控电磁波，应当有更大的用处，于是带领团队开展了电磁辐射控制材料的研究，研发出了"高磁导率磁性基板"，在国产手机中批量使用。

　　本科的专业核心课程中，会学习如何将这些知识融会贯通，构建理论体系，并应用到实际中。下面结合两个简单的例子，让大家有更深的体会。

　　伦琴在实验中意外发现了未知的射线，命名为 X 射线，引起了科学家们的关注和积极探索。其中，劳厄发现 X 射线通过晶体时可以发生衍射现象，这又吸引了布拉格父子的视线，最终提出著名的布拉格方程。从此，人类可以利用 X 射线获得有关晶体结构的信息，拥有了研究材料微观世界的强大工具。当使用波长更短的电子束时，则会发生电子衍射，甚至有可能像小时候爱玩的三维弹球中的小球一样，直接或多次反弹后穿过物体，可以用于制作透射电子显微镜等先进显微镜，直接"看"到晶体中的原子和晶界。更厉害的是，我们还能改变电子束入射方式或者收集电子的位置，获得更多关于材料微观结构的信息。在这个过程中，物理中学到的光的各种知识都可以得到运用，帮助大家更清晰地理解和分析图像，揭开了材料微观世界的神秘面纱。

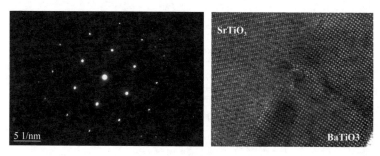

电子显微镜照片

形状记忆合金拥有一个特殊的性质，通过一些"机械训练"，形状记忆合金能"记住"某个温度下的形状，然后无论怎么弯折，改变温度后都能恢复原形。它的原理其实很简单，合金内部的原子处于不同温度时具有不同的排列方式，温度改变会推动原子运动到它们记忆中的位置，整个合金的形状也就跟着发生了变化。如果在半路有一个外力拉住原子，它们会有继续朝着那个位置移动的趋势，产生一个相应的内力，因此很适合应用于使其他物体变成特定形状。金属牙套就是形状记忆合金在医疗领域的应用之一。依据温度的不同，形状记忆合金的记忆效应可以分为只能记住高温形状的"单程记忆效应"、同时记住高温和低温形状的"双程记忆效应"，以及高温和低温时形状都不变的"全程记忆效应"。这一切都涉及化学上原子排布的规律，以及微观世界的改变对宏观形状的影响等知识。在实验室中，大家还可以尝试让它记住有趣的图形，向伙伴表演"魔术"，给他们一个惊喜。

形状记忆合金的
变形与恢复

2.2.3　材料类专业的成长方向

进入大学后，我们都会按照学校设定的培养目标前进。各所大学的材料类专业培养目标大同小异，以上海交通大学材料科学与工程专业的培养目标为例，大致可以分为五个方面，分别是道德人文和职业素养、基础和专业知识、工作和创新能力、团队和组织管理能力，以及国际化视野。

排在首位的道德人文和职业素养是最基本、最重要的要求。俗话说，育人的根本在于立德。这就像是大学生活的"底线"，同学们必须遵守基本的道德规范和法律规范，在日常的学习生活中遵守职业道德，履行应尽的责任和义务。

其次是基础和专业知识。部分基础知识和专业知识会在大学里学习，但是高中的数理化是更基础的基础知识，数理化成绩可不能太差。此外，大家应当具有一些动手能力。材料科学是理论与实验相结合的学科，理论需要通过实验证实，实验需要依靠理论解释，二者相互促进，帮助大家更好地了解和研究材料。

工作和创新能力以及团队和组织管理能力这两点实际上是

对综合能力的要求。随着学识的增长，同学们应该能够独立自主地完成一份工作，也能在团队中和谐相处，合理安排任务或服从指挥管理。同时，需要具有创新意识和能力，能够提出创新性的思路来解决问题。这对个人发展尤为重要。材料类专业的毕业生通常以思考和设计为主要任务，最好有能力成为实验团队的"大脑"，规划实验方向和具体实施方案。

最后的国际化视野是一个更高层次的要求。现代社会已经是一个全球化的社会，国际交流日益频繁，国家冲突也不可避免。同学们必须具备国际沟通的能力和多元开放的思维，与世界保持联系。对于个人，拥有国际化视野能更好地和不同文化背景的人沟通合作，了解国际形势，并且拥有更多的发展机会；对于社会，我们正面临很多全球性问题，只有通过国际协作才能找到最好的解决方案。

2.3 材料类部分高校及专业培养

2.3.1 材料类高校排名

为了建设高水平本科教育、全面提高人才培养能力，教育部每 4 年进行学科评估，在第五轮学科评估中，材料学科位列第一方阵的高校有清华大学、上海交通大学、北京科技大学、北京航空航天大学、西北工业大学、哈尔滨工业大学等（排名不分先后）。

QS 世界大学学科排名（QS World University Rankings,

简称 QS Rankings）是由全球高等教育研究机构 QS（Quacquarelli Symonds）发表的年度世界大学排名，首次发布于 2004 年，是相对较早的全球大学排名，此排名囊括了各个学科领域的世界顶尖大学，涵盖 51 个学科。2023 年 QS 世界大学材料学科排名前 100 的国内高校如表 2-1 所示。

表 2-1　2023 年 QS 世界大学材料学科排名前 100 的国内高校

国内排名	国际排名	机构名称
1	10	清华大学
2	16	北京大学
3	28	上海交通大学
4	38	浙江大学
5	42	复旦大学
6	45	香港科技大学
7	51	中国科学技术大学
8	67	香港城市大学
9	67	哈尔滨工业大学
10	73	南京大学
11	75	香港大学
12	79	西安交通大学
13	80	北京科技大学

ESI 学科排名是基于基本科学指标数据库（Essential Science Indicators）的一种排名，该数据库由美国科学信息研究所（Institute for Scientific Information，ISI）推出，主要基于 SCI 和 SSCI 期刊论文的大数据来制定。ESI 学科排名是一

个国际上普遍用于评价高校、学术机构、国家/地区国际学术水平及影响力的重要评价工具之一。这个排名系统以学科划分，主要包括 22 个学科领域。ESI 学科排名被认为是衡量世界一流大学和世界一流学科的"世界标准"之一。2024 年我国进入材料学科 ESI 全球万分之一的高校有中国科学院大学、清华大学、中国科学技术大学、浙江大学、上海交通大学、北京大学，如表 2-2 所示。

表 2-2　2024 年我国进入材料学科 ESI 全球万分之一的高校

国内排名	国际排名	机构名称
1	4	中国科学院大学
2	6	清华大学
3	8	中国科学技术大学
4	11	浙江大学
5	12	上海交通大学
6	14	北京大学

2.3.2　材料类专业设置

材料种类繁多，物理化学性质也很复杂，因此专业所涉及的内容非常庞杂，需要细分为不同研究方向。根据《普通高等学校本科专业目录（2024 年）》，材料类专业共有 23 个，含材料科学与工程、材料物理、材料化学等（详见表 2-3）。这些专业各具特色，限于篇幅，我们在这里仅介绍几个代表性专业。

表 2‑3 材料类普通高等学校本科专业目录（2024 年）

专业代码	专业名称	学位授予门类	修业年限	增设年度
080401	材料科学与工程	工学		
080402	材料物理	理学，工学		
080403	材料化学			
080404	冶金工程			
080405	金属材料工程		四年	
080406	无机非金属材料工程			
080407	高分子材料与工程			
080408	复合材料与工程			
080409T	粉体材料科学与工程			
080410T	宝石及材料工艺学			
080411T	焊接技术与工程		五年，四年	
080412T	功能材料			
080413T	纳米材料与技术	工学		
080414T	新能源材料与器件			
080415T	材料设计科学与工程			2015
080416T	复合材料成型工程			2017
080417T	智能材料与结构			2019
080418T	光电信息材料与器件		四年	2021
080419T	生物材料			2022
080420T	材料智能技术			
080421T	电子信息材料			2023
080422T	软物质科学与工程			
080423T	稀土材料科学与工程			

材料科学与工程专业是材料学科的第一个专业名称，以材料学、物理学、化学和工程学为基础，系统地学习基础理论和实验技能，然后把它们应用到解决实际工程问题中。在本科阶段，同学们将探索材料的各种奥秘，掌握材料科学的理论、制备方法和物理化学性能测试方法，并针对某一领域开展详细深入的研究。例如，"相变"理论在材料领域具有广泛应用，理解、研究这一理论是徐祖耀院士的毕生追求。正是出于对材料、对相变的好奇和热爱，徐祖耀院士在相变相关的诸多领域都有所建树，并出版了多部著作，为中国培养了几代材料科学家。但他始终认为现有研究仍有不足，在文章［如《将淬火-碳分配-回火（Q-P-T）及塑性成形一体化技术用于 TRIP 钢的创议》］中提出了诸多畅想，等待着学材料的我们一一验证。

徐祖耀院士部分著作

材料物理和材料化学就像是左右手，以不同的方式系统化探索材料领域的通用法则，都在材料研究中扮演着至关重要的角色。材料物理专业宛如一位哲学家，从物理的视角深入探讨材料结构对性能的影响，已经构建了一系列成熟的理论体系；材料化学专业则有着发明家的特质，以化学为出发点，探讨材料的化学合成、制备和化学性能相关内容，总能给人带来意想不到的惊喜。这两个专业都从原子和分子尺度出发，致力于理解和设计材料，研究成果往往能在很大程度上改变我们的生活。例如，地球上大约有 97% 的水是海水，海水的充分利用具有非常高的实际意义。谢和平院士团队将分子的扩散、界面的物质平衡移动等物理过程和电解海水的化学变化巧妙地结合在一起，开创了海水无淡化原位直接电解制氢技术，破解了电解海水制氢领域面临的难题。技术的核心之一在于使用的疏水膜和夹在中间的溶液，能让水汽化并通过这层膜后重新液化，为电解提供源源不断的淡水。而液态海水和杂质则不能通过这层膜，不会对电解过程造成干扰[9]。这项技术已经在海水中实现了稳定和规模化的氢气量产，有望将"海水资源"转化为"海水能源"，助力绿色、可持续的发展。

金属材料工程专业几乎涵盖了与金属材料相关的各个领域，在制造业广泛应用，为各行各业的进步提供坚实的支撑。例如，在高端制造业，之前提到的镁基储氢材料和航空航天铝合金都是金属材料工程的杰作。这些材料的创新应用不仅改变

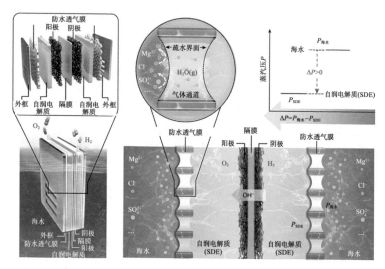

海水自动净化的原理

了生产，也推动了科技前沿不断拓展和人类对世界的认知水平不断提高。日常生活中，我们每天使用的金属材料常常面临生锈腐蚀或失效等问题，我国每年仅因钢铁生锈造成的损失就高达 3.2 亿人民币！如何提高金属材料的使用寿命是一个巨大的挑战，需要金属材料工程专业的人才通过创新和研究找到解决方案，让金属更坚固耐用、安全可靠。

与其他依赖材料物理的专业不同，高分子材料专业的理论基础根植于有机化学，学习内容集中于高分子材料的合成和各种特性。高分子材料可分为天然高分子和合成高分子两大类，经过半个多世纪的蓬勃发展，其已经在各个领域崭露头角，发挥着不可或缺的作用。2000 年诺贝尔化学奖授予了发现聚合物导电性的 3 位科学家，标志着高分子材料开始作为功能材料大展身手，拉开了"高分子时代"的序幕。现在，高分子材料在我们周边随处可见，悄然改变了整个世界。

生活中的高分子材料

　　材料设计科学与工程专业也非常值得一提。它是上海大学独有的专业，它的独特之处在于按照"材料基因组工程"培养人才，培养能够根据需求倒推合适材料的思维模式。这显然是一个综合性非常高的专业，对学生的要求很高，需要付出大量时间精力掌握丰富的专业知识。但是高投入意味着高产出，学生能拥有很强的理论基础和实践能力，几乎可在所有与材料相关的行业大展身手。

　　实际应用中，专业边界往往不会那么清晰。这些专业主攻的是材料本身，但材料的应用和设计可不仅仅局限在材料类专业的领域，在各个方向都能找到学科交叉的影子。让我们看看近几年备受瞩目的人工智能（artifical intelligence，AI）领域，其发展也依赖于先进的芯片技术，芯片越先进，则运算水平越高、AI越智能。芯片中电路的设计需要依赖电子工程师，而芯片本身的研究则主要是材料类专业的任务。从芯片每一部分用什么材料，到用什么方法巧妙地将它们组合在一起，再到微小电路内部的精密加工，都是非常复杂的课题。然而，我国目前在芯片研发技术方面还面临着一些问题和挑战，尤其是先进的5 nm及以下尺寸芯片的研发和制造芯片时使用的光刻机设备，以及芯片生产流程中大量使用进口材料和设备，在如今欧美的封锁局势下受到很大的限制。因此，我国材料领域的发展对自主研发芯片技术至关重要，有助于推动人工智能的进步。

材料加工中的焊接与人工智能也在不断地交叉融合。在传统的焊接领域就有机器学习和人工智能的应用。机器人的加入简化了焊接流程，减少了对人体的危害，也使操作更容易、更可控：只需要编写简单的程序，就能让它自动完成激光焊接。为了实现精准操作，在激光焊接机器人内往往设有图像识别系统，这套系统通过机器学习，学会精准识别，来辅助机器人完美地完成任务。

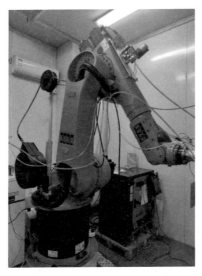

KUKA 激光焊接机器人（拍摄于上海交通大学焊接所）

2.3.3 材料类专业究竟学些什么

正如 2.2.2 节所说，在材料类专业的学习中，我们会遇到
丰富多彩的课程。这些课程可以简单分为基础课和专业课两
大类。

在大一和大二阶段，同学们将接触人文社会科学类、数学
与自然科学类和工程基础类等基础课程。在人文社会科学类通
识教育中，将学习马克思主义基本原理、英语、军事理论等课
程，这不仅有助于培养正确的价值观，更能帮助大家具备社会
责任感，成长为对国家和社会有贡献的优秀青年。数学与自然
科学类课程则包括了数学、物理、化学等知识领域，同学们会
继续学习这些课程中的基本概念、基本原理，并初步应用于习

题之外的地方，逐渐养成科学严谨的分析问题、解决问题的习惯。同时，物理和化学的实验课能让同学们亲身体验验证理论和观察现象的乐趣，深化对知识点的理解。工程基础类课程是工科学生的必修课，涉及一些基础知识和实验技能，同学们可以学会如何选择合适的仪器和工具解决复杂问题，并且在多次小组任务中逐渐掌握团队合作的技巧。这些任务有时候是自己生活中遇到的小问题，如忘带钥匙被关在门外的心酸；也可能是老师统一布置的任务，如焊接收音机电路，尝试收听不同频道。这些基础课程不仅能让同学们掌握丰富的基础知识，还培养了解决实际问题和团队协作的能力，为之后继续学习专业课程打下坚实的基础。

不同大学可能设置了不同的专业方向，侧重点可能有不小的差别，但是都属于材料领域，以培养材料人才为目标，课程体系整体上是相似的。首先是材料科学基础课程，这是专业征程的第一步。在这门课程中，同学们会简单学习各种材料相关的基础知识，为后续的专业课程做好铺垫。接下来同学们将迎来有关材料结构和性能的一系列课程，分别从不同研究角度深入探讨材料的组织结构和物理化学性能。材料的表征和加工也是不可或缺的一环，表征涉及对微观结构的观察分析，而加工则是通过各种手段对材料进行处理，试图通过特定结构获得希望的性能。在材料领域，通常需要通过表征来确定结构，指导加工参数的调整。此外，还有计算材料学等课程，将材料与现代科技结合，从理论分析的角度辅助研究。这些课程之间往往存在紧密联系，相互印证、相互补充，帮助同学们全面掌握材料的理论知识。

在材料类专业的课程中，动手操作也尤为重要。实验贯穿了整个大学阶段，通过自己动手实验，不仅能更好地理解抽象的理论知识，还能培养实际操作技能。在上面提到的理论课程中，经常会结合学习内容适当开展一些实验，或是应用知识点，或是锻炼操作技能，获得和教材上一模一样的图像，有助于同学们更好地理解和记忆所学内容。材料综合实验一类的实验课程更是打开一扇新的大门，让大家接触到多种多样的材料和仪器，学习各种基础实验流程和仪器操作方法，培养数据的分析与处理技能。

值得一提的是，上海交通大学的专业课包含"材料制造数字化基础"和"计算材料学"两门与仿真计算相关的课程，以及多个选修课组。"材料制造数字化基础"主要使用现有软件和模型，教同学们如何输入参数进行信号的采集和处理，再分析比较结果的好坏。"计算材料学"则更进一步，引导学生自己建立模型、编写代码，进行实验的仿真模拟计算。显然，上海交通大学希望材料学子能顺应时代潮流，摆脱只能依靠大量实验获取成果的状况，结合计算机技术等现代技术，更迅速地取得研究进展。选修课组分为复合材料、金属材料和材料连接工程、液态成形与控制等 7 个模块，在大四的时候，同学们可以选择一个模块学习，能对某种材料或某种加工方式有更深入的了解。学完模块课程后，会有一个课程设计环节，大家可以综合运用所学知识，按照要求设计并开展一个实验，就像完成一个真正的项目一样。

除了材料类专业课程的学习，上海交通大学材料科学与工程学院还有交叉模块和个性化教育模块，交叉模块要求学生尝试学习交叉专业的必修课程，而所有超过培养方案要求的学分都被计入个性化教育，充分反映了上海交通大学和材料科学与工程学院对同学们广泛学习各类知识的鼓励，也符合学校和学院对高层次复合型人才的培养目标。

此外，上海交通大学还会提供通识教育课程，包括"大学生心理健康"等，有的课程还充满趣味性和娱乐性，如真的有跑车和红酒的"F1超跑和法国红酒"课、期末考打牌技术的

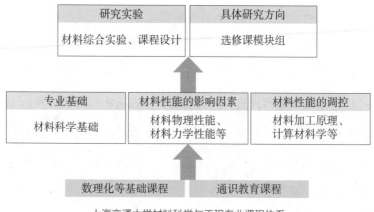

上海交通大学材料科学与工程专业课程体系

"桥牌与博弈论"课等。

2.3.4 一流大学材料类专业核心课程

以下简单概括了几所国内外一流大学培养计划中的部分核心课程，如表 2-4 所示。

表 2-4 一流大学培养计划的部分核心课程

学校	清华大学	上海交通大学	麻省理工学院	新加坡国立大学
核心课程	材料学概论 材料科学基础	材料科学基础	固体化学导论	材料科学与工程原理与实践
	材料物理性能基础 材料力学性能	材料性能（力学性能） 材料性能（物理性能）	材料力学性能 材料的光学、电学、磁学特性	材料的电学性能
	材料制备：科学与工程	材料加工原理	材料的合成与设计 材料加工	材料特性和处理实验 材料动力学与处理
	材料分析与表征	材料组织结构的表征		材料表征实验
	材料科学与工程实验系列	材料综合实验	材料项目实验	
	具体方向的材料与应用 工程材料	具体方向的材料与应用		材料设计：航天生物医学应用 可再生能源原理
		材料制造数字化技术基础 计算材料学	材料科学家与工程师的数学与计算思维	材料机器学习和实验

（续表）

学校	清华大学	上海交通大学	麻省理工学院	新加坡国立大学
核心课程	固体物理学 量子与统计	材料物理		
	材料化学	材料化学		
		材料热力学	材料热力学	
		材料力学		
			材料结构 材料的微结构演化	

注：相同类型的课程放在一行。

从表2-4中可以看出，不同大学的材料学院都安排了材料的基础知识、性能、表征和制备等方面的课程，大部分课程只是名字不完全一样，授课内容大同小异。不同学校的课程体系设置又略有差别，有各自的侧重点。例如，清华大学对实验比较重视，材料科学与工程实验系列总共有4门课；上海交通大学希望把材料和仿真计算融合，用现代化工具助力材料科学的研究；麻省理工学院关注数学思维的培养和材料结构的学习，单独列出了两门材料结构的课程，而其他学校大多是放在其他课程中间进行讲解；新加坡国立大学也非常注重实验教学，课程内包含了很多实验的成分，同时专业内选修课的占比很高，学生可以更有针对性地进行学习。

第3章

职业生涯发展

3.1 就业概况

材料学科属于工科门类的一级学科，包括材料科学与工程、材料物理、材料化学等二级学科，主要培养学生在本领域的基础理论和工程能力，从而将其应用于材料合成、制备、结构、性能、应用等方面，以满足本领域在科学研究、技术创新、工程应用等方面的人才需求。除专业基础外，毕业生还应具备跨学科创新和创造性解决问题的能力，具有团队意识和合作精神，以及具有一定的组织管理能力、表达能力和人际交往能力。

3.1.1 就业前景

国家政策支持、市场需求旺盛、人才需求迫切等多方面因素，描绘了材料学科的广阔就业前景。

1. 国家政策支持

材料服务国民经济、社会发展、国防建设和人民生活的各个领域，是经济建设、社会进步和国家安全的物质基础和先导，支撑了整个社会经济和国防建设。新一代信息技术与新材料是制造业的两大"底盘技术"。其中，新材料是支撑战略性新兴产业和重大工程不可或缺的物质基础，可谓"一代材料承载一代技术"。材料创新已成为推动人类文明进步的重要动力之一，也促进了技术的发展和产业的升级。

因此，我国相关部门发布了一系列支持政策。2024 年 1 月，工信部等七部门出台《关于推动未来产业创新发展的实施意见》，重点推进未来材料等六大方向产业发展，包括推动有色金属、化工、无机非金属等先进基础材料升级，发展高性能碳纤维、先进半导体等关键战略材料，加快超导材料等前沿创新应用。2023 年 8 月，工信部和国资委印发《前沿材料产业化重点发展指导目录（第一批）》，以加快前沿材料产业化创新发展，引导形成发展合力，引导各类市场主体结合实际积极开展技术创新、应用探索和产业布局。

与此同时，各省市地方政府和主管部门也响应国家号召，发布了一系列政策推进新材料研发创新，引导和促进重点新材料产业化和规模化应用，实现新材料产业高质量发展。如北京、内蒙古、安徽、河北、广东等多个省（自治区、市）及计划单列市先后出台了新材料行业指导意见、发展规划、行动计划、实施方案，突出地方特色，推动新材料行业快速发展。

2. 市场需求旺盛

随着全球社会的发展，新材料符合其趋势和需求，使得新材料行业市场规模迅速扩张。全球新材料市场规模增长迅速，2023 年全年达到 7.2 万亿美元，同比增长 20%。与此同时，中国新材料产业规模也持续稳步增长，2023 年 1—9 月我国新材料产业总产值超过 5 万亿元，保持两位数增长。2024 年我国新材料产业市场规模将达 8.6 万亿元，市场需求十分旺盛。

例如，在运载工具领域，《中国制造 2025》提出大力发展新能源、高效能、高安全的系统技术与装备，完善我国现代交通运载核心技术体系，发展时速 400km 高速列车、远程宽体客机、新能源汽车等运载工具，提升交通运载可持续发展能力和"走出去"战略支撑能力。因此，急需对重型直升机、高速列车、远程宽体客机、新能源汽车、重型运载火箭、航天器等运载工具所需核心部件及关键材料进行研发，形成核心部件产品自主保障能力。

再如，在能源动力领域，以煤炭为主和油气资源紧缺的能源结构，决定了我国国家能源战略发展重点在于发展新一代高效清洁燃煤发电技术和深海油气资源开发技术。先进能源动力系统采用的特种合金代表了国家高端装备核心竞争力，属于国家战略型新材料范畴，是我国抢占技术制高点的重大机遇。核电、油气开发等能源领域重大项目对特种合金、稀土材料、非晶材料、超导材料、复合材料等新材料提出急迫需求。

3. 人才需求迫切

新材料产业是战略性基础性产业，是高技术的必争领域，也是高度知识密集型产业，新材料技术的创新突破和新材料产业的发展离不开人才的支撑。"十二五"以来，我国新材料产业快速发展，产业规模不断扩大，对人才的需求不断增加，但新材料产业人才总量存在较大的供需缺口。根据《制造业人才发展规划指南》显示，预计 2025 年新材料产业人才规模将达到 1 000 万人，人才缺口将扩大到 400 万人。此外，新材料产业人才还存在产学脱节、结构不均、区域失衡等问题。

发展强大的材料学科，归根结底需要高水平人才。其中，青年科技人才处于创新创造力的高峰期，是国家战略人才力量的重要组成部分。党的十八大以来，青年科技人才在基础前沿研究中发挥着越来越重要的作用，在材料领域，优秀青年科技人才已成为技术创新的主力：国家自然科学奖获奖者成果完成人的平均年龄已低于 45 岁；北斗导航、探月探火等重大战略科技任务的许多项目团队成员的平均年龄都为 30 多岁。2023年 8 月，中共中央办公厅、国务院办公厅印发了《关于进一步加强青年科技人才培养和使用的若干措施》，出台了多项支持青年科技人才成长发展的"硬举措"。2024 年 3 月，李强总理在政府工作报告中介绍今年政府工作任务时提出，要"全方位培养用好人才""努力培养造就更多一流科技领军人才和创新团队""加大对青年科技人才支持力度"。

目前，材料学科高层次人才量远远满足不了市场需求，每年毕业生在企业用人市场中供不应求。中国工程物理研究院、中国航天科技集团、中国航空工业集团、中国电子科技集团等大型央企均具有较大的人才需求量。

3.1.2　学生就业情况

以研究型高校（如上海交通大学）的毕业生就业去向为例，近五年，材料学科毕业生就业率保持在 99% 以上，其中，国家重要行业及关键领域就业率在 80% 左右。材料类专业所培养的学生毕业后可在材料学科相关的政府机关、高等院校、研究院所、大型央企、外企等单位从事材料研发或制造、工艺或设备设计、生产技术管理或经营管理等相关工作，在航空航天、国防装备、核能、深远海等国家重点工程项目中都能看到本专业毕业生的身影。从对用人单位进行问卷调查反馈的信息来看，用人单位对本学科毕业生的整体满意率高，一大批本专业优秀毕业生已发展成为技术骨干或企业中高层管理人员。从对毕业生发展质量的调查结果表明，多数毕业生对当前工作比较满意，工作幸福感较高。

3.2　就业方向及案例

学长说

材料是在人类生产和生活过程中已经实际应用或者显示潜在用途的各类物质"原料"，如金属、陶瓷和高分子，材料类专业的核心导向就是系统研究"原料"的科学属性和应用特征。一方面，探索这些"原料"的基本性质，离不开物理学、化学和数学等理论基础；另一方面，为了让这些"原料"能够"成材"，为人类所利用，又离不开计算机技术、仪器制造和机械加工等工程技术。因此，材料学科是自然科学与工程技术的交叉学科，就业方向选择良多。接下来以材料学科下设的材料科学与工程专业为例，介绍以上海交通大学材料科学与工程学院为主的毕业生在材料科学研究及工程应用等方面的就业情况。

1. 基础科学研究方向

本方向热门岗位：继续深造、高校院所材料类专业科研与教学人员。

习近平总书记强调："加强基础研究，是实现高水平科技自立自强的迫切要求，是建设世界科技强国的必由之路。"当前，新一轮科技革命和产业变革深入发展，学科交叉融合不断推进，基础研究转化周期明显缩短，国际科技竞争向基础前沿前移。从源头和底层解决关键技术问题，是应对国际科技竞争的迫切需要。我们要不断加强基础研究，为实现高水平科技自立自强、加快建设世界科技强国夯实根基。近年来，我国在铁基超导材料、纳米材料等材料相关基础前沿方向取得一批具有国际影响力的重大原创成果，但仍面临诸如芯片、高温发动机材料等关键领域的"卡脖子"问题，其根源就在于基础研究跟不上。因此，材料类专业学子本科毕业后继续基础研究之路，服务国家需求，正逢其时。

案例一：潜心学术，毕生科研求索

从事材料科学研究的人可以选择进入高校或研究机构担任研究员、教授等职务，从事新材料研发、材料性能调控等方面的研究工作。这种工作需要具备扎实的理论基础和较强的研究能力，同时能够承担一定的教学任务。

两院院士、战略科学家师昌绪放弃国外优渥的科研与生活条件，回国服从分配进入位于沈阳的中国科学院金属研究所工作，直至成为中国高温合金和新型合金钢的重要开拓者，一生为国默默奉献；材料科学家、教育家徐祖耀先生在上海交通大学徐汇校区简陋的车间，没有尖端设备，仅仅靠着珍贵的外文期刊，索居潜研，通过大量的推导计算建立了马氏体相变理论，填补了前沿实验上的空白；中国科学院院士、金属材料专家叶恒强在金属材料表面涂层及界面强化方面做出了重要贡献；高分子材料专家、中国工程院院士钱人元在聚合反应统计理论及微观动力学方面做出了突出贡献。这些前辈都是材料学

徐祖耀院士（左三）于 2001 年 3 月与课题组成员讨论学术问题

术研究领域的佼佼者。

案例二：热忱为炬，照亮学术光芒

臧同学，2012 届上海交通大学材料科学与工程学院本科校友，现为清华大学机械工程系副教授、博士生导师、特别研究员。主要研究方向为微纳尺度的结构功能一体化制造，材料设计辅助激光加工，天然碳质的升级与转化，先进制造与智能骨科。至今已于 *Science Advances*、*Nature Communications*、*Advanced Materials* 等期刊上发表论文 36 篇，其中第一作者及通讯作者 19 篇。

早在高中时，臧同学就发现了自己对化学的浓厚兴趣，高中化学竞赛的优异成绩让她通过保送生考试进入上海交通大学材料科学与工程学院。初入大学的她早早选择进入实验室,开始了科研道路的探索。经过日复一日的文献阅读、软件模拟的熟悉操作,凭着卓越的行动力和学习力,她开始了在"遗态材料"领域的探索。由于研究方向与组里其他同学不太一样,她不得不花费更多时间和精力自行研究。她最终获得全国"挑战杯"能源化工组特等奖,使上海交通大学在时隔 20 年后再次捧杯。同时,她也在本科期间完成了数篇学术论文的撰写与发表。她坚信"专注解决眼前的问题,坚定地走下去。对于牺牲和付出,没有值不值得,只有愿不愿意。"

本科期间,在一次北京的学术会议上,臧同学遇到了她日后的研究生导师。热切地交流详谈后,老师对她有了深刻的印象,也让她坚定了出国深造的想法。在国外长期的科研经历中,她始终坚信行胜于言,课题的突破进展离不开锲而不舍的热忱投入。既然有做梦的勇气,就要有梦想成真的信念,并经受相应的磨砺。

回国后,臧同学加入了清华大学机械工程系,角色的转变也带来了工作重心的转移和思考方式的变化。作为科研团队的领导者,她时常要在世界各地开学术会议,推进项目进度,完成课程讲授。她笑称:"在清华没有不忙的时候。"尽管工作繁忙,她始终保持对科研的严谨与热情。与此同时,她也尽量为后辈提供帮助与支持。臧同学参与了上海交通大学材料科学与工程学院的校友导师项目，用自己丰富的阅历与资源为上海交通大学学生的个人规划发展进行引导。

谈及自己过去的经历，臧同学认为自己的成就没有什么辉煌，很多选择不过是水到渠成的结果。在那个信息没有这么发达的时代，科研深造的道路似乎是大势所趋，她不过是搭上了全球化的便车，"做出了同辈优秀学子都会做的选择"。面对各种机遇与挑战，她相信，行动是最掷地有声的语言。

关于材料领域的未来发展，她认为，在学科交叉愈发突出，强调技术融合、创新驱动的今天，材料学科的发展正与习近平总书记强调的"四个面向"紧紧贴合，学科的受重视程度也越来越高。"坚持面向世界科技前沿、面向经济主战场、面向国家重大需求、面向人民生命健康"，材料产业是战略性、基础性产业，也是高技术竞争的关键领域，为国之重器攻坚克难，为国之大材挺身而出，这是新一代材料人的机遇与使命。

2. 工程技术方向

本方向热门岗位：材料研发或制造工程师、材料相关工艺或设备设计人员、材料行业生产技术研究和管理人员等。

近年来，我国新材料产业已形成了全球门类最全、规模第一的材料产业体系：建成了涵盖金属、高分子、陶瓷等结构与功能材料的研发和生产体系；形成了庞大的材料生产规模；钢铁、有色金属、玻璃、光伏材料等百余种材料产量达到世界第一位。但与此同时，发达国家新材料产业垄断加剧，高端材料技术壁垒日趋显现。其凭借技术研发、资金、人才等优势，已在大多数高技术含量、高附加值的新材料产品中占据了主导地位。当前，我国正处于战略转型期，急需开辟新的经济增长点，提高环境承载能力，这为我国新材料的大发展提供了难得的历史机遇。掌握相关专业技能的材料学子可以在新材料工程与技术相关岗位的舞台上大展拳脚。

案例一：一腔报国志，材料报国门

中国工程物理研究院材料研究所创建于 1969 年，主要承担国防尖端装备关键部组件材料制备、精密加工、聚变与裂变能源科学技术、极端条件下材料性能研究、粉末冶金技术、核技术与应用等，先后取得了包括 3 项国家科技进步特等奖在内的 390 余项科研成果，为我国国防科技发展做出了巨大贡献。

2024 届上海交通大学材料科学与工程学院的毕业生朱同学出生在军人家庭，从小就立下参军的志向。然而，高中毕业的朱同学虽然在空军体测选拔中脱颖而出，却最终因视力问题被筛下。入学上海交通大学材料科学与工程学院一个月后，他又被检查出患有一种罕见疾病，不得不休学治疗，报效祖国的种子就此深埋心底。然而，朱同学从来没有放弃过。复学后，他快速积累知识，追赶实验进度。科研探索与工程实践的结合培养了他较强的科学创新和解决问题的能力，积累了众多从理论分析到实际应用的经验。在硕士期间，他发表论文 3 篇，申请专利 4 项。

当朱同学意识到自己终究无法投身军伍后，他便开始寻找其他报效祖国的方法。作为一名学生党员，他时刻谨记为人民服务的宗旨，作为一名上海交通大学的学子，他更牢记"饮水思源，爱国荣校"的校训。他觉得，自己总要为祖国做些什么，总有什么是自己能做的。于是，当《功勋》这部电视剧上映后，一个深藏中国西部的隐秘而伟大的机构被他牢牢记在心底——中国工程物理研究院。而那颗种子，在这炽热的光芒下终于萌发。既然不能身体力行为国效力，那便建设国防，科技科研报国。研三的秋招之际，他得到了中国工程物理研究院某研究所的青睐。哪怕该所与他的家乡相隔千里，哪怕自此他要隐姓埋名背井离乡，他也没有一丝犹豫。"吾心安处即吾乡"，他将以赤诚之心，成为祖国的铸剑者。

案例二：踏实进取，打破封锁

中国航空工业集团公司沈阳飞机设计研究所成立于 1961 年，是新中国最早组建的飞机设计研究所，主要从事战斗机、无人机的设计研发和航空前沿技术预先研究，为空海军提供高端武器装备，研制的三大系列 30 余型号战机作为主力机种已批量装备空海军部队，被誉为"战斗机设计研究的基地"。

2020 年，国家重点研发计划提出，针对飞行器热端部件减重的需求开发轻质、高强韧、耐热新材料。然而，在近 20 年的研究中仍未有相关材料能够同时满足室温强塑性与高温耐热性能的指标，这使飞行器的进一步发展面临巨大的挑战。

上海交通大学材料科学与工程学院 2018 级博士研究生李同学接下了这份挑战。为了解决材料强度塑性倒置的难题，他阅读整理了上百篇文献，从材料设计、制备工艺、加工手段、组织调控各个方面找寻突破传统材料性能瓶颈的新方法。功夫不负有心人，经过半年的论证，他与导师另辟蹊径，打破了传统钛基复合材料均匀化复合的固有思维，共同制定了从粉体源头进行增强体纳米化调控并利用粉体结构差异进行构型化复合设计的研究方案。经过两年时间，李同学顺利完成了粉体的制备、材料组织设计与加工策略的优化以及构件的等温精密成型全流程的探索与机理研究，成功开发出了兼具室温高强韧与高温耐热性能于一体的高性能钛基复合材料。

这段经历让李同学深刻地意识到技术创新对于国家摆脱国外技术封锁与管控的重要性，更加坚定了其继续从事航空新材料与新技术研发的决心。毕业后，李同学放弃了北京、上海等大城市航空航天院所的就业机会，决定进中国航空工业集团公司沈阳飞机设计研究所，为航空新材料的发展与应用贡献自己的一份力量。"饮水思源，爱国荣校"，发展航空工业是祖国的希望，更是上海交大人的使命。

案例三：时代热点先瞰，商海弄潮独行

黄同学，上海交通大学材料科学与工程学院 2006 级博士，高级工程师，现任宁德时代研究院副院长、宁德时代创新技术与推广负责人、时代思康厦门研究院负责人，还担任福建省"百人计划"团队带头人、国家"十三五"项目子项目负责人。黄同学的主要研究方向为锂离子电池先进正负极材料、新型化学体系、先进集流体、新型锂盐、氟化物合成与开发等，至今已获发明专利 100 余项，授权 30 余项，获中国汽车工业科学技术进步奖特等奖。

2006 年，黄同学来到上海交通大学材料科学与工程学院，开始自己的求学生涯。与如今许多初识科研的学子一样，摸不着头脑的实验方向、苦求不得的实验结果、"理还乱"的实验数据让他一度气馁，坐起了"学术冷板凳"。尽管背负着很大的压力，黄同学还是坚持认真对待自己的课题。为了实现实验方案，他大量查阅资料，上海交通大学图书馆寻不到，他就去上海图书馆找，找到后就复印带回实验室深究。他埋头实验，同窗还未到时就已经开始了一天的工作；同学回宿舍休息时，他的工作台仍然灯火通明。黄同学后来回忆道，"导师曾说我不是最聪明的，但很敬业……只是尽量靠勤奋去补足了。"苦心人天不负，凭着不服输的韧劲和纯粹的科研精神，黄同学渐

渐扭转了科研的不顺，打下了扎实的科研基础。他动情地说："在上海交大材料学院读博的这段经历是无可替代的，它让我相信人生中没有什么困难是不能克服的。"

从上海交通大学毕业后，黄同学没有随大流匆匆择业。那时，新能源电池在我国刚刚起步，市面上没有大规模商业化研究的公司，黄同学从中敏锐地嗅到一丝商机。然而，黄同学博士期间的课题研究方向并不是电池相关，毫无基础的他只能从头恶补。他大量查阅能源动力、电池领域的相关资料，主动联系上海交通大学材料科学与工程学院从事电池研究的教授交流学习，双管齐下，不断给自己"充电"。很快，他入职了东莞新能源科技有限公司，踏出自我转型的第一步。他渐渐对电池领域的研究熟悉起来，对电池行业的前景也明晰起来：这个风云际会的时代，正是新能源即将蓬勃发展的时代。新能源电池不仅能做，而且还要坚定地做！乘着这股时代发展的东风，新能源的迸发近在眼前！

艰难困苦，玉汝于成，只有奋勇搏击才能站稳时代潮头。黄同学曾经带领二十余人的团队，力图攻克一个核心课题。团队成员夙兴夜寐，课题却久攻不下，产品开发遥遥无期，成功的希望愈发渺茫。一位、两位……许多成员泄气道"这是一项看不到曙光的项目"，纷纷离开团队。但黄同学不服输，他和仅存的几位同伴一起，更加拼命地投入到项目中。厚积薄发，黄同学最终受到泡面锡箔纸的启发，找准方向快速攻下了难题。尽管在电池行业打拼出了自己的一片天地，黄同学始终保持着谦逊好学的求知态度。他多次率团队下产线，向产线上的员工学习每一道工序，虚心请教。他说，只有这样才能对这个行业的每道工序有清晰的认识，才能为自己的创新技术是否能够落地做最初步的判断。

如今，黄同学作为宁德时代研究院副院长，仍然奔忙在带领团队创新求精的路上。从锂离子电池到钠离子电池，宁德时代一直在做电池行业的领跑者。他表示，"在前人研究的基础上，我们创新性地对材料的体相结构进行电荷重排，对材料表面进行重新设计，解决了材料循环过程中容量快速衰减这一世界性的难题，使创新材料具备了产业化的条件。"可以预见，在研究机构、上下游端的共同参与下，钠离子电池产业链将快速发展和完善起来。黄同学作为上海交通大学材料科学与工程学院走出的优秀毕业生、作为宁德时代庞大科研人员的缩影，必将在这一过程中大放异彩，助推我国新能源电池行业的发展跨入新时代。

3. 其他方向

本方向热门岗位：经营管理者、产品经理、公务员、金融行业分析师等。

由于材料学科是自然科学与工程技术的交叉学科，材料类专业的就业进可攻、退可守，工作的选择面广阔。一方面，材料学子具备扎实的数学、物理等自然科学基础，也拥有良好的逻辑思维能力，可在行测和申论考试中游刃有余，也可以运用科学的方法进行数据挖掘、模型构建和风险评估，为金融决策提供可靠的支持；另一方面，材料学子有机械、信息等工程技术优势，可在工作实践中发挥技术专长，为政府机关和人民群众提供更好的服务。

案例（创业方向）：十年光阴，磨一剑锋芒

孙同学，2010 届上海交通大学材料科学与工程学院本科毕业生，毕业后赴新加坡国立大学攻读高分子材料博士学位，并从事博士后研究，深圳市孔雀计划 C 类人才，拥有 2 年三类医疗器械开发经验、超过 7 年高分子材料开发经验，现任立心科学董事长及技术总负责人。

2006 年的秋天，孙同学来到上海交通大学材料科学与工程学院求学。那时，大家都说材料科学是个冷门专业，孙同学却不这么想。他很早就开始了规划，丰富自身履历，为日后进一步深造打下基础。一次偶然的机会，孙同学在专业课上结识了研究生物医用材料 3D 打印技术的孙康教授。这项新颖的技术立刻引起了孙同学的兴趣。他迅速抓住机会，联系了两个同年级的伙伴冲到孙老师办公室，想要加入孙老师的研究团队。被他们的热情和积极性感染，孙老师不仅爽快同意，还安排了一名博士师兄做他们的带教。与现在不同，那时的科研条件艰苦，在拥挤狭小的实验室、办公室里，孙同学顶着酷暑严寒没

日没夜地做实验、攒数据。靠着一腔热爱和不懈的拼搏，孙同学和他的团队一路披荆斩棘，闯入 2009 年"挑战杯"决赛，斩获上海市二等奖。

"挑战杯"的荣誉极大地鼓舞了他。毕业后，他选择前往新加坡国立大学读博深造，主攻可吸收高分子材料及复合材料优化作为博士课题。经过了一年多"泡在图书馆"的日子，孙同学汲取了大量高分子材料基础知识，明确了研究细分方向。研究中，他不断在聚乳酸复合材料领域发现新的现象，发表了数篇高水平论文，平均被引量破百，为博士课题交出了圆满的答卷。

早在"挑战杯"比赛中，孙同学就注意到生物医用材料在高端医疗领域的应用价值，抓住了科研成果投产结果的成就感，埋下了创业的念头。他追逐着心中的梦想，从科研圈"改行"进入企业。最初，孙同学进入深圳一家医疗器械公司工作。初入一个要求高、门槛高、与生命安全息息相关的陌生领域，许多行业知识要从头补起，如工艺转化理论、行业法规要求等，孙同学一点不敢马虎。在上海交通大学、新加坡国立大学培养的自学能力再一次发挥作用，孙同学怀抱着对行业的热爱投入学习，快速拓展了自己在研发内外的知识储备。他相信，生物医用材料行业有很大的发展潜力，厚积薄发的时刻终会到来。

2016 年，孙同学开始了在骨科领域的创业。打入市场的过程是艰苦的，许多知名企业已经在可吸收高分子材料领域做出了文章。第一次参加展会时，大公司的一个展台就超过了孙同学整个公司的规模；第二轮融资时资金链断裂，内部高层出走，眼看团队即将分崩离析。人心惶惶之时，他给团队壮军心：许多公司看似发展规模大，这都是表象。他们做的是"短平快"的产品，缺乏核心竞争力。我们的优点就是自主创新，盯着一个领域做，肯定行！

孙同学找到一位朋友来投资，勉强为公司"续命"。他告诉自己，为了朋友的这份信任，也要把项目撑下去。2018 年，事情迎来了转机。尽管是市面上常见的聚乳酸产品，孙同学却敏锐地布局了上游原材料技术。他说，材料领域很多产品的发展都难免经历一个"追随"的过程，但想要有自己的核心竞争力，杜绝外方"卡脖子"事件的发生，就一定要保证自己拥有原材料的上游供应链，上下游联动，保证下游原材料的供给。事实证明，昔日被投资人质疑的布局走在了时代的前面，以更长远的眼光下了一步险棋，将公司迅速盘活。

回首筚路蓝缕，孙同学感慨："从一个材料专业的本科生一路走来，我内心的想法从未改变"。在他看来，时代的更迭与材料的发展紧密相关，追赶世界先进水平的过程里难免需要模仿，但想要打出自己的招牌离不开创新。材料是改变许多关键问题的根本，认准材料领域的一个方向就要有耐心地做。

风云际会，材料行业大有可为；十年一剑，材料学子尽显锋芒。始于热爱，行于拼搏，成于开创，孙同学牢牢抓住生物医用材料的发展潜力，牢牢抓住创新这一市场竞争的灵魂，走出了一条作为材料学子、研究人员的创业路，为我国医疗行业发展源源不断地注入新鲜动力。

附录

上海交通大学材料科学与工程学院师资人才及获奖情况

上海交通大学材料科学与工程学院以"中国特色、世界一流"为目标,践行"立德树人、教书育人"使命,服务国家重大需求,探索世界科技前沿,扎实推进一流学科建设。学院贯彻"人才强院"主战略,引育并举,现有院士4人,获各类国家级人才计划66人次,其中"四青"人才42人次,不断打造国际一流的师资队伍。近年来学科建设成效显著,各类获奖量质并进,总计获国家级科技奖励20余项,其中国家技术发明奖一等奖获历史性突破。获得人才培养相关奖项14项,特别是在2022年获国家级教学成果一等奖。材料学科各项关键指标不断攀升,学院的学科水平全面提升。近五年的部分获奖情况如附表1和附表2所示。

附表 1　科研类奖项

奖项名称	项目名称	获奖年份
中国有色金属工业科学技术奖技术发明奖一等奖	镁基固态储运氢材料与技术	2023
中国有色金属工业科学技术奖技术发明奖一等奖	高效低成本纯铝定向凝固制备技术与装备	2023
中国有色金属工业科学技术奖技术发明奖一等奖	一体式超大铝合金下车体成型关键技术与应用	2023
机械工业科学技术奖技术发明奖二等奖	高效爪极式发电机关键构件成形制造与磁性能无损检测技术	2023
机械工业科学技术奖技术发明奖二等奖	《热处理冷却技术要求（GB/T 37435－2019）》	2023
上海市科学技术奖自然科学奖一等奖	秉承自然手性精细构型的水凝胶生物材料	2022
上海市科学技术奖科技进步奖一等奖	基于能量转换的智能复合材料设计制备技术及应用	2022
高等学校科学研究优秀成果奖（科学技术）自然科学奖一等奖	卤化物钙钛矿材料与器件稳定性问题的基础研究	2022
中国有色金属工业科学技术奖科技进步一等奖	高强韧镁合金大型一体化压铸技术与应用	2022
中国有色金属工业科学技术奖技术发明奖一等奖	微纳颗粒增强铝基复合材料原位合成及成形技术	2021
国家技术发明奖一等奖	高性能 XXX 材料及其关键技术研发与应用	2020

（续表）

奖项名称	项目名称	获奖年份
国家自然科学奖二等奖	秉承自然生物精细构型的遗态材料	2020
高等学校科学研究优秀成果奖（科学技术）技术发明奖一等奖	高温合金 XXX 关键技术及应用	2020
上海市科学技术奖技术发明奖一等奖	高性能大型合金钢件水淬关键技术及应用	2020
中国产学研合作创新成果奖	核电重大装备高可靠性焊接制造关键技术创新与应用	2020
上海市科学技术奖科技进步奖一等奖	核电装备制造中的高品质焊接关键技术及应用	2019
中国有色金属工业科学技术奖技术发明奖一等奖	结构功能一体化镁/铝合金材料及高致密度铸造成型技术	2019

附表 2　教学类奖项

奖项名称	项目名称/获奖教师	获奖年份
国家级教学成果一等奖	服务国家重大需求构科学工程并举培养体系育顶天立地材料创新人才"	2022
上海市教学成果奖特等奖	服务国家重大需求，构筑材料领域科学与工程兼容并举的研究型人才培养体	2022
国家级一流本科课程	材料加工原理	2020

（续表）

奖项名称	项目名称/获奖教师	获奖年份
国家级一流本科课程	材料科学基础	2021
国家级一流本科课程	材料制造数字化技术基础	2021
国家级虚拟仿真实验教学项目	三元相图测定与分析虚拟仿真教学实验	2021
首届全国优秀教材一等奖	《材料科学基础》	2021
首批上海高等教育精品教材	《材料科学基础》	2021
工业和信息化部"十四五"规划教材	《材料制造数字化技术基础》	2021
首届全国高校教师教学创新大赛一等奖	杭弢	2021
宝钢优秀教师奖	杭弢	2022
第四届上海高校教师教学创新大赛二等奖	吴蕴雯	2024
上海高校本科重点教改项目	新工科下"材料＋"实验实践教学体系的构建	2020
上海高校本科重点教改项目	"能力建设、创新孵育"为核心的创新实验课程改革	2022

参考文献

［1］ FEUERBACHER M. Dislocations and deformation microstructure in a B2-ordered $Al_{28}Co_{20}Cr_{11}Fe_{15}Ni_{26}$ high-entropy alloy ［J］. Scientific Reports, 2016, 6:29700.

［2］ GOODENOUGH J B. How we made the Li-ion rechargeable battery ［J］. Nature Electronics, 2018, 1:204.

［3］ BELL L E. Cooling, heating, generating power, and recovering waste heat with thermoelectric systems ［J］. Science, 2008, 321: 1457 - 1461.

［4］ NOVOSELOV K S, MISHCHENKO A, CARVALHO A, et al. 2D materials and van der Waals heterostructures ［J］. Science, 2016, 353:461.

［5］ CAO Y, RODAN-LEGRAIN D, RUBIES-BIGORDA O, et al. Tunable correlated states and spin-polarized phases in twisted bilayer-bilayer graphene ［J］. Nature, 2020, 583:215 - 220.

［6］ ALTERNATIVE FUELS DATA CENTER. How Do Fuel Cell Electric Vehicles Work Using Hydrogen? ［EB/OL］. (2019 - 05 - 21)［2024 - 03 - 12］. https://afdc. energy. gov/vehicles/how-do-fuel-cell-electric-cars-work.

［7］ XIE K, WANG L, GUO Y, et al. Effectiveness and safety of biodegradable Mg-Nd-Zn-Zr alloy screws for the treatment of medial malleolar fractures ［J］. Journal of Orthopaedic Translation, 2021, 27:96 - 100.

［8］ 刘铂洋，张旺，何昭文，等. 基于蝶翅鳞片三维结构的 Au/SnO_2 纳米复合材料制备及其表面增强拉曼散射性能研究 ［J］. 无机材料学报，2012，27 (9)：917 - 922.

[9] XIE H P, ZHAO Z Y, LIU T, et al. A membrane-based seawater electrolyser for hydrogen generation [J]. Nature, 2022, 612: 673 - 678.